W0057449

Barbara Wardeck-Mohr

Mit den Augen der Hunde

So denken und kommunizieren Hunde

Müller
Rüschlikon

Einbandgestaltung: Kornelia Erlewein

Titelbild: Barbara Waas, www.tierfotografie-blickwinkel.de

Bildnachweis: Foto auf der Umschlagrückseite sowie auf Seite 96: Dr. Kurt Schefczik
Foto Seite 183: Mit freundlicher Genehmigung der »Tierhilfe Hoffnung – Hilfe für Tiere in
Not e.V.«, Matthias Schmidt
Alle übrigen Fotos stammen von Barbara Waas

Alle Angaben in diesem Buch wurden nach bestem Wissen und Gewissen gemacht. Sie
entbinden den Hundehalter nicht von der Eigenverantwortung für sein Tier. Für einen even-
tuellen Missbrauch der Informationen in diesem Buch können weder die Autorin noch der
Verlag oder die Vertreiber des Buches zur Verantwortung gezogen werden. Eine Haftung
für Personen-, Sach- und Vermögensschäden ist ausgeschlossen.

ISBN 978-3-275-01996-0

Copyright © 2014 by Müller Rüschlikon Verlag
Postfach 103743, 70032 Stuttgart
Ein Unternehmen der Paul Pietsch Verlage GmbH & Co. KG
Lizenznehmer der Bucheli Verlags AG, Baarerstr. 43, CH-6304 Zug

1. Auflage 2014

Sie finden uns im Internet unter www.mueller-rueschlikon-verlag.de

Lektorat: Claudia König
Innengestaltung: Kornelia Erlewein
Druck und Bindung: Agentur Dalvit, 85521 Ottobrunn
Printed in Italy

INHALTSVERZEICHNIS

Prolog

»Ich will den Himmel nicht betreten, wenn dieser Hund nicht mit mir kommt«, sagte König Yudhistiras. Indra, der Gott sprach: »Heute noch wirst du Unsterblichkeit, Erlösung und unvergängliche Glückseligkeit gewinnen. Du begehst keine Sünde, wenn du diesen unreinen Hund zurücklässt.« »Nein«, beharrte Yudhistiras, »nicht für alle Schätze des Himmels will ich diesen Hund im Stiche lassen, der meinen Schutz gesucht hat mir treu ergeben war.«

Mahâbhârata, Indien

7

Einleitung

Was wäre wohl, wenn wir einen ganzen Tag lang das Leben aus dem Blickwinkel unserer Hunde erleben könnten – oder sogar einen ganzen Monat oder ein ganzes Jahr lang? Es wäre das Erleben in einer ganz neuen Welt – in einer für uns Menschen unvorstellbaren Welt, aber zugleich in der Welt unserer Hunde!

Was alles könnten wir sehen, erfahren und feststellen, was wir nach menschlichen Maßstäben nicht einmal erahnen? Lebenswelten, die wir nicht sehen, die aber vital existieren und die gleichzeitig die tagtägliche Realität für unsere Hunde darstellen!

Zunächst scheint dies vielleicht ein etwas ungewöhnlicher Gedanke zu sein. Nicht aber bei näherer Betrachtung: Denn neben unseren individuellen menschlichen Vorstellungswelten, gibt es ganz zweifelsfrei andere Lebenswirklichkeiten, wie die der Delfine, der Schmetterlinge, der Löwen oder der Wölfe. Für alle diese Mitgeschöpfe ist deren eigene Welt genauso präsent und real, wie für uns Menschen das Leben in einer Großstadt, im Flugzeug oder als Bergsteiger am Matterhorn.

Es gibt bekanntlich nicht nur andere Tiere, sondern vor allem besitzt jedes andere Individuum seine ganz eigene Welt. Wir leben leider allzu oft in Parallelwelten: Jeder beschäftigt sich vor allem mit sich selbst. Oder Menschen »halten sich einen Hund«, für welche eigenen Zwecke und Ziele auch immer … Leider dann nicht immer im Sinne des Hundes und gemäß seiner natürlichen Bedürfnisse!

9

Eine ganz andere Möglichkeit aber wäre es für uns Menschen, sich auf einen geistigen Rollentausch mit anderen Tieren, vor allem aber mit unseren Hunden einzulassen. Dies hätte zwangsläufig auch ganz andere emotionale Kontexte für uns zur Folge. Gleichzeitig würden sich auch für uns ganz neue Welten eröffnen. Vor allem aber würde unsere Empathiefähigkeit geschult und unser Einfühlungsvermögen würde sich definitiv verbessern!

Und dies scheint mehr als notwendig zu sein. Zumindest kann es nicht schaden, wenn wir als Zweibeiner das Lebens-Motto: »Wir als Mittelpunkt der Welt« ein Stück weit verließen, unseren Blickwinkel veränderten, um uns selbst überhaupt relativieren zu können. Weiterhin beugt es doch auch unsinnigen menschlichen Vergleichen mit anderen Lebewesen und Arten vor, die wir besser nicht aufstellen sollten. Dazu gehört auch die weit verbreitete These, dass Hunde einen Entwicklungsstand von etwa 3-jährigen Kindern hätten. Warum diese Vergleiche aus vielerlei Gründen, auch wissenschaftlich gesehen, unsinnig sind, wird unter anderem in diesem Buch aufgezeigt. Lassen wir uns aber auf vorhandene Potentiale unserer Hunde und anderer Tiere ein, kommen wir aus dem Staunen gar nicht mehr heraus. Auch dieses zeigen weitere Themen des Buches auf: So gelang es in Neuseeland, Hunden in nur kurzer Zeit in einem umgebauten MINI selbständig das Autofahren beizubringen. Allerdings war das nur möglich, weil ein Tiertrainer diese Hunde in ihrer Welt und Wahrnehmung erreichte, da dies die Basis für jede erfolgreiche Zusammenarbeit zwischen Mensch und Hund darstellt. Und so ist dieser Trainer auch nicht allein nach menschlichen Maßstäben bei der Arbeit mit den nun autofahrenden Hunden vorgegangen, sondern er ist ihnen zunächst auf ihrer Ebene und in ihrer Welt begegnet.

»Mit den Augen der Hunde« stellt vieles somit in ganz neue Zusammenhänge und wir erfahren über diesen Weg nicht nur deutlich mehr über unsere Hunde, die nicht nur fühlen, sondern auch denken können, sondern auch so ganz nebenbei einiges über uns selbst!

»Wenn du mit den Tieren sprichst, lernst du sie kennen. Wenn du nicht mit ihnen sprichst, lernst du sie nicht kennen. Was du nicht kennst, davor fürchtest du dich. Was du fürchtest, zerstörst du.«

Chief Dan George

»Hundeperspektiven«

1. Kognitionsleistungen von Hunden: Weil Hunde denken können

1.1 Über die geistigen Fähigkeiten von Hunden

Intelligenz und Kognitionsleistungen von Hunden

Seit Charles Darwin sehen Verhaltensforscher Hunde als ganz außergewöhnliche, höher entwickelte Säugetiere an, die über eine beachtliche Intelligenz verfügen. Hunde stehen uns Menschen zudem von allen anderen Tieren am nächsten. Leider wird nach wie vor oft völlig verkannt, dass sich sehr viele Hunde gerade aufgrund ihrer Intelligenz und kognitiven Fähigkeiten nicht selten mit uns Menschen tödlich langweilen!

Keine Reiz-Reaktions-Lebewesen

Noch vor wenigen Jahrzehnten wurden Säugetieren sämtliche geistige Fähigkeiten gesellschaftlich komplett abgesprochen. Allenfalls sah man Hunde und andere Säugetiere vornehmlich als von ihren Instinkten gesteuerte »Reiz-Reaktions-Lebewesen« an, die zu geistigen Fähigkeiten, wie etwa »Entscheidungen treffen«, »Probleme lösen« oder »Situationen kontextbezogen bewerten können« angeblich nicht in der Lage seien. Auch heute wird dies nach wie vor diskutiert. Dabei taucht immer wieder die Frage auf: Können Hunde oder Tiere tatsächlich denken? Können sie sich erinnern und haben sie ein Gedächtnis? Bewerten und selektieren sie? Können sie dabei Begriffe mit Gegenständen verknüpfen oder sogar Probleme lösen? Eindeutig sind dies kognitive Fähigkeiten und Leistungen. Und längst bestätigt uns die Wissenschaft: Ja, Hunde sind dazu eindeutig in der Lage, und keinesfalls sind sie »Reiz-Reaktions-Maschinen« nach dem Modell der klassischen Konditionierung, wie so lange fälschlicherweise angenommen wurde. Hunde entscheiden stets situativ, sie selektieren oder schätzen Risiken ein, auch unter Berücksichtigung von Vorerfahrungen.

1.2 Kognitionswissenschaft – was ist das?

Unter Kognition werden jene Prozesse verstanden, durch die eine komplexe Umweltwahrnehmung einschließlich deren Informationsverarbeitung stattfindet – also ein Verständnis von Zusammenhängen, die sich zu einem Weltbild fügen. Dabei wird insbesondere das Denken der Kognition zugeordnet. Aber auch Erkennen, Urteilen, Schlussfolgerungen ziehen,

Mit allen Sinnen: Erlebniswelten pur.

ein Vorstellungsvermögen haben, Lernen, Gedächtnis haben, Planen oder Probleme lösen gehören zur Kognition. Die Kognitionswissenschaften untersuchen fachübergreifend verschiedene geistige, emotionale und psychologische Prozesse.

Wahrnehmungen geschehen auf verschiedenen Ebenen, sodass es bei den Kognitionswissenschaften nicht nur um Denken, Lernen, Gedächtnis haben geht, sondern auch um abstraktes Denken oder räumliches Vorstellungsvermögen, um Sprache, Emotionen und Motivation. Ebenso um die Informationsverarbeitung von Vorwissen sowie die Verarbeitung aktueller Informationen bzw. Wahrnehmungen. Nicht zuletzt ist die Kognitionswissenschaft auch das fachübergreifende Ergebnis aus Psychologie, Neurowissenschaften und Sprache.

Hervorzuheben ist ferner, dass Denken, wie früher angenommen, nicht unbedingt an Sprache gekoppelt sein muss, allerdings Sprache und Denken in einem engen Zusammenhang stehen.

1.3 Neue verblüffende Dimensionen in der Kognitionsforschung

In den vergangen zehn Jahren hat sich die Kognitionsforschung rasant weiterentwickelt und gezeigt, dass die Denkfähigkeit von Hunden ihnen ein zielgerichtetes situationsabhängiges und sogar kreatives Vorgehen ermöglicht. Beispielsweise mit strategischem Planen, dem Einschätzen von Risiken und dem gezielten Nutzen von eigenen Potenzialen für entsprechende Verhaltensstrategien. Das Denken von Tieren wurde bisher völlig unterschätzt! Dazu gehörte bis vor kurzem auch die wissenschaftliche Fehlannahme, dass Denkvermögen ohne Sprachvermögen wie beim Menschen ausgeschlossen sei. Außerdem haben Tiere auch ein Bewusstsein über Aufmerksamkeit oder über ihr eigenes »Erfahrungs- oder Erlebnisbewusstsein«.

Das Denken von Tieren wurde bisher völlig unterschätzt!

1.4 Kognitionsleistungen von Hunden

Die Wissenschaft geht heute davon aus, dass Hunde sogar über ein begrenztes abstraktes Denkvermögen wie auch über ein bildhaft-räumliches Vorstellungsvermögen verfügen. Sie sind ferner in der Lage, Entfernungen oder Risiken einzuschätzen und verhalten sich auch uns Menschen gegenüber stets im Kontext mit ihren Beobachtungen. Sie berücksichtigen durch die neuronale Verknüpfung selbstverständlich auch Vorerfahrungen bei gleichzeitiger Einschätzung der jeweiligen Lage und unter Berücksichtigung des speziellen Kontextes.

Bildhaft-räumliches Vorstellungsvermögen

Um Hunde oder andere Tiere verstehen zu können, benötigen wir nicht nur Kenntnisse über deren Verhaltensbiologie oder über ihr Ethogramm (Verhaltensinventar), sondern auch ein Verständnis von ihrem Ausdrucksverhalten bzw. ihrer Vokalisation. Ebenso ein Basisverständnis zu ihren Denkmustern bzw. zu ihren Kategorienbildungen, die für ihr alltägliches Leben relevant sind. Auch Grundbedürfnisse, Vorlieben, Rituale spielen dabei eine ganz entscheidende Rolle.

Auch Grundbedürfnisse Vorlieben, Rituale spielen dabei eine ganz entscheidende Rolle.

Keinesfalls läuft das Lernen und Denken von Hunden nur über angeborenes Verhalten oder gar über die klassische Konditionierung ab. Vielmehr nutzen Hunde wie auch andere Tiere ihre individuellen Vorerfahrungen und setzen dieses erworbene Wissen bei Verhaltens- oder Problemlösungsstrategien ein.

[ABB. RECHTE SEITE]
Hunde können auch mit anderen Tieren Sozialpartnerschaften schließen.

1.5 Differenzierungsmöglichkeiten von Kognitionsleistungen

Verständnis von Zeit und Raum
Sämtliche Wahrnehmungen von Hunden werden mit einem räumlichen oder zeitlichen Kontext assoziiert.

Weiterhin sind in der Wahrnehmung von Hunden zu nennen:

Unterschiede wie auch Ähnlichkeiten:
Wie vertraut, unbekannt, neu, bedrohlich. Dies alles beruht auf ihren individuellen Vorerfahrungen.

Objektpermanenz:
Selbst wenn ein Objekt für den Hund unsichtbar ist, besteht eine Vorstellung von der Existenz des Objektes, z.B. bei Jagdstrategien eines Hundes, bei der Suche nach seinem Lieblingsspielzeug oder der Exploration von vergrabenen Gegenständen.

Konzeptbildung, Kategorien, Gruppen:
Kategorien werden gebildet hinsichtlich ihrer Identität oder ihrer Bedeutung, wie z.B. »Freude beim Wiedersehen mit seinem Menschen« oder »menschlicher Aufforderung zum Spaziergang« oder »die Hundeleine holen«.
Eine weitere Kategorie, wie z.B. »Beute«, zeigt sich über »Knochenvergraben«.

Logische Verknüpfungen:
Eine logische Verknüpfung kann z.B. »wenn-dann« oder »größerkleiner« sein. Ob ein Hund der Aufforderung seines Halters folgt oder auch nicht, kann auch Rückschluss auf das Hierarchieverständnis des Hundes geben. Hunde haben durchaus Vorstellungen von Mengen oder von sozialer Ordnung.

Bewertungen, Selektion:

Hunde können z. B. ihre eigene Wertigkeit zwischen verschiedenen Käsesorten und nach ihrem eigenem Geschmack erstellen, indem sie z. B. Appenzeller Käse von anderen Käsesorten immer wieder als erstes oder als letztes aus dem Napf heraussuchen und auch in einer bestimmten Reihenfolge fressen.

Risikoeinschätzung:

Hunde bewerten selbstverständlich auch Risiken: So zeigen Versuche des Max-Planck-Instituts in Leipzig, dass Hunde sehr viel häufiger »verbotenes Futter« stibitzen, wenn die Versuchsperson abgewandt zum Hund bzw. zum Futter Zeitung liest.

Geografisch-räumliche Ortung, Erkennen von Bewegungsmustern:

Hunde reagieren auch auf bewegte Objekte, wie z. B. auf andere Tiere, und dies sogar bei deren Anblick auch auf dem Fernsehbildschirm! Weiterhin können Hunde Landschaften unterscheiden oder suchen nach der Herkunft von Geräuschen.
Auch beim Radio zeigen sie dies durch blickfolgende Bewegungen an.

Hunde können auch Symbole zu ihrer Kommunikation gezielt einsetzen:

Ein Beispiel hierfür ist, wenn Hunde gelernt haben, von einem Schlüsselbrett Symbole, wie z.B. Ring, Dreieck, Plastikwurst gezielt zu holen, um damit kundzutun: »Ich will spielen«, »ich habe Durst« oder »möchte fressen«. Diese Fähigkeiten besaß vor etwa zehn Jahren ein Hund namens »Philipp«, der sogar zum »klügsten Hund Ungarns« gekürt wurde! Als Philipp eines Tages in die Situation kam, dass seine vorhandenen Symbole nicht ausreichten, nämlich als sein Herrchen im Nebenraum nicht das Klingeln seines Handys bemerkte, entschied sich Philipp für ein neues Symbol, nämlich indem er eine Filmrolle einsetzte und damit sein Herrchen auf das Telefonat aufmerksam machte. Dieser reagierte prompt und konnte das Telefonat somit annehmen … dank Philipp!

1.6 Die »kognitive Landkarte« von Hunden

Hunde verfügen über eine individuelle »kognitive Landkarte«. Hunde müssen als territoriale Lebewesen eine recht konkrete und komplexe Vorstellung von räumlichen Gegebenheiten wie auch von sozialen Kontexten haben. Gut trainierte Hunde haben sogar konkrete Vorstellungen von Aufgaben, die sie lösen sollen, wie z. B. beim Mantrailing-Spürverfahren (Vermisstensuche) oder wenn Hunde in Filmen Rollen und Aufgaben übernehmen!

Vielfältigste kognitive Fähigkeiten

Es sind ihre olfaktorischen, akustischen und visuellen Bilder bzw. Wahrnehmungen, die quasi eine »kognitive Landkarte« ergeben. Dazu gehören auch Ortskenntnisse oder Erfahrungen, die Hunde an bestimmten Orten oder mit bestimmten Personen bereits erlebt haben! Hinzu kommt ebenso eine hohe Fähigkeit des Hundes, menschlich artikulierte Begriffe, mit Gegenständen verknüpfen und verstehen zu können.

Denken ist nicht an Sprache gekoppelt

Wie bereits ausgeführt, ist Denken nicht zwangsläufig an Sprache gekoppelt. Hunde verfügen über ein hoch differenziertes Sprachvermögen, nämlich ihr Ausdrucksverhalten und ihre Vokalisation. Dabei sind wir als Menschen noch längst nicht in der Lage, das gesamte hoch differenzierte »Sprachvermögen der Hunde« in deren schnellen Abfolgen zu verstehen. Zudem beweisen Hunde ja gerade ihre Sprach- und Kommunikationsfähigkeiten dadurch, indem sie uns Menschen so gut wie keine andere Art verstehen. Hunde verstehen unser Vokabular in erstaunlichem Umfang. Und Hunde verstehen ferner in beträchtlichem Ausmaß selbstverständlich auch unsere Gesten und Mimik richtig. Dies sind alles kognitive Leistungen, zu denen eine hohe Beobachtungsfähigkeit, ein komplexes Kommunikationsverständnis sowie präzise Fähigkeiten, die Dinge richtig zu verknüpfen, gehören.

Verknüpfung von Sprache und Kognition

Da Hunde auch über das »Ausschlussprinzip« einen neuen Gegenstand, den wir ihnen nennen, identifizieren und von Hunderten anderen Gegenständen unterscheiden können, ist bewiesen, dass Sprache und Kognition bei Hunden sehr wohl »Pfote in Pfote« gehen. Und wir kommen aus dem Staunen nicht heraus: Hunde, die für Spezialaufgaben trainiert werden, zum Beispiel auch für Filmszenen, können 140 manchmal bis zu 200 verschiedene Handlungssequenzen nicht nur einzeln, sondern auch in verschiedener Reihenfolge und diversen Kontexten sicher abrufen.

Bereits Junghunde
haben Kommunikation
differenziert erlernt.

Die »kognitive Landkarte« von Hunden 19

1.7 Über das Gehirn von Hunden

Das Gehirn von Mensch und Hund unterliegt, wie bei allen höheren Wirbeltieren, einem ähnlichen Bauplan. Auch hinsichtlich von Emotionen, Bewegung oder Reflexen sind viele Übereinstimmungen vorhanden. Sämtliche Gehirnfunktionen bei Säugetieren zu verstehen, ist eine höchstkomplizierte und längst noch nicht dekodierte Angelegenheit. Selbst wenn wir sämtliches verfügbares Wissen aus Verhaltenslehre, Physiologie, Neurowissenschaften und Pathologie zusammenfügten, reichte dieses immense Werk mit kaum vorstellbarem Umfang nicht aus, um den komplexen Funktionsweisen des Gehirns Rechnung zu tragen. Stellen wir uns einmal ein Sandkorn vor: Bei Säugetieren sind in den Maßen eines Sandkornes – also einem Quadratmillimeter – etwa 100.000 Nervenzellen bzw. Neuronen vorhanden, diese sind auch aktiv.

Milliarden Neuronen Forscher vermuten beim Menschen bis zu 100 Milliarden Neuronen! Genau wissen sie es allerdings nicht. Und auch für den Hund gibt es nur Schätzungen.

1.8 Unterschiede zwischen Mensch und Hund

Hunde sind bekanntlich sehr viel stärker als wir auf das Riechen ausgerichtet. Man schätzt bei Hunden etwa 220 Millionen Riechzellen, beim Menschen nur etwa 5 Millionen. Einige Wissenschaftler gehen bei uns auch von 20 Millionen aus. Hunde riechen nicht nur Fährten auch über lange Zeiträume, sie riechen außerdem unseren Stresslevel, unsere Krankheiten oder sogar Substanzen in fest verschlossenen Dosen.

Ein weiterer Unterschied ist, dass die Großhirnrinde (diese steht mit allen anderen Arealen des Gehirns bei Mensch und Tier in Verbindung und ist sozusagen ein »Arbeitsspeicher«) beim Menschen weiterentwickelt ist als bei Tieren und zudem mit den restlichen Gehirnarealen besser kommuniziert. Beim Menschen liefert sie nach der Theorie der autistischen Tierforscherin Temple Grandin dem Bewusstsein stärker prozessierte Bilder, mit einer vermehrt ausgefilterten Datenauswahl als bei Tieren.

Mit anderen Worten: Unser Gehirn filtert stärker aus und fügt Daten zu Gesamtschauen. Hunde und andere Tiere sehen nach der Temple Grandin-These genauer Details, wie bei einem Ball, oder sie sehen detailliert eine Wurst statt eines fertigen Bildes.

Man schätzt bei Hunden etwa 220 Millionen Riechzellen, beim Menschen nur etwa 5 Millionen.

1.9 Zusammenhänge von Physiobiologie, Verhalten und Kognition

Verhalten und Kognition stehen bei Hund und Mensch gleichermaßen in vielen Zusammenhängen – auch mit deren Physio-Biologie.

Wirbeltiere verfügen ferner über:
- Das Zentrale Nervensystem (Rückenmark, Gehirn); dies ist auch für kognitive Funktionen zuständig
- Das Periphere Nervensystem (System außerhalb des Schädels und Wirbelkanals liegend)
- Das Vegetative Nervensystem (Sympathikus/Parasympathikus)
- Das Enterische Nervensystem (Darm, Plexus)

Diese Systeme greifen in ihren Funktionen ineinander und dadurch wird das Überleben abgesichert. Festzuhalten ist außerdem: Lebewesen nehmen Zugriff sowohl auf ihre angeborenen wie auf die erworbenen Fähigkeiten.

Fazit ...

Wir können von Hunden und ihren kognitiven Fähigkeiten durchaus als Menschen selbst vieles lernen. So ahmen Hunde z. B. nur das nach, was für sie sinnvoll ist. Wir sollten Hunde also viel mehr als denkende und fühlende Lebewesen begreifen. Dazu gehört auch, sich mit dem Individualverhalten eines Hundes, angefangen bei seinem Verhaltensinventar und Ausdrucksverhalten auseinanderzusetzen, aber auch zu versuchen, uns in das Bewusstsein von Hunden hineinzudenken! Dies, soweit uns es als Menschen möglich ist. Und wir sollten uns weiterhin viele Fragen stellen, denn wir haben erst damit begonnen, den Hund zu verstehen!

2. Neue Dimensionen in der Kognitionsforschung

2.1 Hunde lernen in Neuseeland das Autofahren!

Hätte noch vor 10 oder 20 Jahren jemand zu behaupten gewagt, dass Hunde in der Lage seien, selbständig auf einer Rennbahn in einem umgebauten MINI Auto zu fahren, hätte wohl fast jeder am Verstand dieser Person gezweifelt oder sogar eine Einweisung für sie beantragt! Und auch heute noch klingt es unglaublich: Es gibt in Neuseeland in Auckland tatsächlich drei Hunde, die Ende 2012 ihren Führerschein gemacht haben: Porter, Ginny und Monty! Diese Drei legten ihren Führerschein in Anwesenheit und unter Beobachtung des Neuseeländischen Fernsehens ab. Übrigens auch zu sehen im Internet auf You Tube-Videos oder im Internet über die Eingabe: »Meet Porter!«

Es gibt in Neuseeland in Auckland tatsächlich drei Hunde, die Ende 2012 ihren Führerschein gemacht haben: PORTER, GINNY und MONTY!

Um Autofahren erlernen zu können, müssen Hunde ein hohes Maß an kognitiven Fähigkeiten besitzen, sowohl über ein räumliches wie auch abstraktes Vorstellungsvermögen verfügen. Und die Hunde müssen zudem auch eine konkrete Vorstellung von der Aufgabe und deren Ablauf im Vorfeld entwickeln! Weiterhin müssen alle Handlungssequenzen beim Gasgeben, Schalten, Kuppeln, Lenken und Bremsen in der richtigen Reihenfolge beherrscht werden. Ebenso müssen die Hunde die Geschwindigkeit richtig dosieren können und auch die Kommandos von der auf der Rennbahn stehenden Trainerin umsetzen! Diese Leistung des Autofahrens setzt für die Hunde sowohl strategisches Planen, das Einschätzen von Risiken und ein gezieltes Vorgehen voraus! Hunde haben somit gelernt, entsprechende Verhaltensstrategien auf ein zielgerichtetes, kreatives Vorgehen zu fokussieren; ebenfalls mit der Fähigkeit, das eigene Verhalten zu kontrollieren und zu regulieren. Denn zunächst waren die Hunde teilweise im Training zu schnell unterwegs, wie ich im Interview mit Mark Vette erfuhr. Der bekannte Tiertrainer, Verhaltensforscher und Tierverhaltenstherapeut Mark Vette hat den Hunden Monty, Ginny und Porter das Autofahren beigebracht.

»Zu schnell unterwegs«

Damit steht fest: Das Denken von Tieren wurde bisher völlig unterschätzt!

2.2 Was ist unter Kognitionswissenschaft zu verstehen?

Unter Kognition werden jene Prozesse verstanden, durch die eine komplexe Umweltwahrnehmung einschließlich deren Informationsverarbeitung stattfindet. Kognition bedeutet also auch, ein Verständnis für vorhandene Zusammenhänge zu besitzen, die sich zu einem individuellen »Weltbild« fügen. Dabei wird unter kognitiven Vorgängen insbesondere das Denken subsumiert. Aber auch Erkennen, Urteilen, Schlussfolgerungen ziehen, ein Vorstellungsvermögen besitzen, Lernen, Gedächtnis haben, Planen oder Problemlösungsvermögen gehören zur Kognition. Die Kognitionswissenschaften untersuchen zudem interdisziplinär verschiedene geistige, emotionale und psychologische Prozesse (Science of the Mind). Wahrnehmungen geschehen auf verschiedenen Ebenen, sodass es bei den Kognitionswissenschaften nicht nur um Denken, Lernen oder um Gedächtnishaben geht, sondern auch um abstraktes Denken oder um räumliches Vorstellungsvermögen. Ferner geht es außerdem um Sprache (bei Hunden das Ausdrucksverhalten, die Vokalisation) sowie um Emotion und Motivation. Aber es betrifft auch die Informationsverarbeitung von Vorwissen mit der gleichzeitigen Verarbeitung aktueller Informationen bzw. Wahrnehmungen. Nicht zuletzt stellt die Kognitionswissenschaft das interdisziplinäre Ergebnis aus Psychologie, Neurowissenschaften und Sprache dar. Wie bereits erwähnt, muss Denken – wie früher angenommen – nicht unbedingt an Sprache gekoppelt sein! Gleichwohl stehen Sprache und Denken in einem engen Zusammenhang.

»Weltbild«

Emotion und Motivation

Interview ...

2.3 Im Interview mit Mark Vette (Auckland/Neuseeland)

Nachdem ich Anfang 2013 zufällig auf erste Videos und Informationen über die ersten Auto fahrenden Hunde der Welt »Porter, Monty und Ginny« gestoßen war, wollte ich Näheres über diese Hunde mit Führerschein in Erfahrung bringen.

Zunächst wandte ich mich daher an den SPCA, den Tierschutzverein in Auckland, mit der Bitte, mir den Kontakt zu Mark Vette für ein Interview herzustellen. Ich war freudig überrascht, als sich Mark Vette dann nur zwei Tage später bei mir meldete, er sei gerne für ein Interview bereit! *(Das Interview wurde im Frühjahr 2013 geführt und aus dem Englischen übersetzt). Fragen von Barbara Wardeck-Mohr (im Folgenden mit der Abkürzung »W.-M.«), Antworten von Mark Vette (im Folgenden mit der Abkürzung »M.V.«)*

1. W.-M. Wann wussten Sie in Ihrem Leben, dass Sie gerne mit Tieren arbeiten würden? Gab es einen speziellen Moment oder eine besondere Situation als Auslöser dafür?

M.V. Ja, mein Großvater war Hundetrainer beim Militär und er brachte mir im Alter von nur fünf Jahren bei, meinen ersten Deutschen Schäferhund zu trainieren. So lernte ich bereits in jungen Jahren eine Menge und hatte offensichtlich auch einen natürlichen Zugang zu Hunden.

2. W.-M. Bemerkten Sie schon früh Ihr besonderes Talent oder besser gesagt Ihren unglaublichen 7. Sinn, der es ermöglicht, Geist und Seele von Tieren zu erreichen?

M.V. Ja, ich hatte viele Tiere – angefangen von Hunden bis zu Schlangen und Spinnen und viele andere. Bereits sehr früh begann ich mit dem Zoologie-Studium, machte später meine Abschlüsse in zoologischer Verhaltensbiologie und Psychologie. Außerdem bin ich auch Zen-Lehrer und versuche, tiefer reichende Zusammenhänge in Tierbeziehungen herzustellen. In der nächsten Zeit habe ich Fernsehserien, mit denen ich die Subtilität dieser Beziehungen hoffe aufzeigen zu können; dabei gleichzeitig durch die Augen der Tiere zu sehen. Dabei ihr wahres Sein und Wesen zu berühren …

3. W.-M. Um Tiere zu erreichen und mit ihnen zu sprechen, auf dem Level wie Sie es tun, bedeutet dies nicht auch bei den Tieren integriert zu sein? Und wie erreichen Sie dies?

M.V. Zunächst habe ich intensiv ihre Verhaltensbiologie und ihr Sozialverhalten studiert; dies um ihre Sprache zu verstehen und auch wie sie miteinander kommunizieren. Anschließend ging es darum, das Problem bzw. die Aufgabenstellung in der Praxis zu identifizieren, um dann mit differenzierten therapeutischen Methoden und Trainings praxisorientiert vorzugehen. Oder auch darum, das Verhalten der Tiere mit menschlichen Lebensbedingungen kompatibel zu machen sowie die Lebensumstände der Tiere zu verbessern. Ich empfinde große Freude, wenn sich ihr Leben verbessert. Ich denke, dass man dazu ein tiefes Mitempfinden für Tiere braucht.

4. W.-M. Wie ist es überhaupt möglich, so nahe, so dicht an »Seele und Verstand« von so vielen verschiedenen Tieren heranzukommen?

M.V. Ich glaube das Entscheidende ist, authentisch im gegenwärtigen Moment zu sein, wenn man mit einem Tier zusammen ist. Tiere leben im »Hier und Jetzt«. Um mit ihnen eine gemeinsame Ebene zu finden, müssen wir ebenso vollständig in der Gegenwart so präsent sein wie sie. Es ist eines der höchsten Ziele in der Zen-Meditation, voll und ganz im gegenwärtigen Moment zu sein (Erleuchtung). In diesem Sinne sind Tiere bereits vollständig »erleuchtet« und wir müssen unser Denken loslassen, um uns mit Tieren in tiefer Meditation verbinden zu können. Den Verstand und Geist eines Wissenschaftlers zu haben, spricht diesem Prinzip nicht entgegen, aber die zugrundeliegende Motivation muss klar und rein sein!

5. W.-M. Werner Freund, ein bekannter Wolfsexperte, erzählte mir, dass er in zwei Welten lebe: Einmal in der Welt, wie es Wölfe tun, und nach ihren »Wolfsgesetzen« und im anderen Leben, das Leben als Mensch. Daher meine Frage: Wie viele Leben haben Sie unter diesem Aspekt, da Sie mit so vielen verschiedenen Lebewesen Ihr Leben teilen?

M.V. Ich verstehe, was er meint, und es ist so zutreffend! Wir müssen »in ihrer Sprache sprechen« und »in ihrer Zeit« – die ist immer »jetzt«! Ja, um mit jeder Spezies arbeiten zu können, müssen wir jede ihrer Sprachen lernen. Jede Spezies, ob Ratte oder Elefant, hat ihre eigene Sprache und Intelligenz, hervorgegangen unter dem Druck der evolutionären Anpassung. Dazu hat jedes Individuum seine eigene Individualentwicklung, die wir erfahren, lernen und uns erschließen müssen.

6. W.-M. Sind es Ihre Beziehung und Kooperationsfähigkeit zu zahlreichen Tieren, die über die Jahre Ihren hohen Standard entwickelt haben – neben dem Fachwissen?
M.V. Ja, ein theoretischer Wissenschaftler, der nur über Büchern studiert, darf man nicht sein. Aber Sie müssen einen stark ausgeprägten Forschergeist besitzen, ein ungebrochenes Interesse sowie Begeisterungsfähigkeit, um zu einem tiefen Einblick zu gelangen und einen natürlichen Bezug zu den Tieren besitzen. Derzeit beobachte ich Pukekos in ihrem Gruppenverhalten, und da ich ihr Sozialverhalten sehr intensiv studiert habe, kann ich jede ihrer Interaktionen verstehen. Es ist ein solch großes Privileg, dieses Fenster zur Kultur und zum Verhalten von Vögeln zu besitzen!

7. W.-M. Wer ist Ihrer Meinung nach einfacher zu verstehen: Mensch oder Tier?
M.V. Ich denke Tiere sind in ihrem Verhalten viel authentischer und auch unerschütterlich aufrichtig, rein von ihrer natürlichen Ausstattung her. Gleichzeitig besitzen sie nicht die Kapazität an Reflexionsfähigkeit und das Ego, mit dem wir ausgestattet sind. Tiere tragen auch keine Maske, wie wir es oft tun. Aber um sie zu verstehen, müssen wir ihre Sprache und Kultur studieren. Ich mag menschliches Verhalten ebenfalls und habe es auch studiert. Dennoch ist es ungleich schwerer, durchschnittliche moderne Alltagsmenschen zu demaskieren. Sie sind viel komplizierter.

8. W.-M. Die »Driving DOGS« Porter, Monty und Ginny, die Sie ausgebildet haben: Wie kam es überhaupt zu der Idee, Hunden in einem Mini das Autofahren beizubringen?

M.V. Das war ein »Charity-Projekt«, zusammen mit einer Agentur sowie mit »MINI« und mit der SPCA (Tierschutzorganisation in Auckland). Dahinter stand zu zeigen, dass Rettungshunde beziehungsweise ehemalige »Tierschutzhunde« großartige Hunde sind. Die Videos wurden weltweit bereits über 100 Millionen Mal angeschaut. Viel wichtiger aber ist, dass dadurch weltweit die Rettung von Straßen-Hunden eine Unterstützung erfährt.

9. W.-M. In wie vielen Schritten und mit welchen Trainingseinheiten lernten die drei Hunde das Autofahren?

M.V. Die Aufgabe war sehr komplex. Insgesamt mussten die Hunde ungefähr 50 verschiedene Trainings- und Verhaltenssegmente erlernen sowie auch lernen, diese zum richtigen Zeitpunkt anwenden zu können. Das allein zeigt die Genialität von Hunden! Zuvor musste jeder von ihnen etwa 5–10 Wochen ein Verhaltenstraining absolvieren.

Dabei wurde vorab am generellen Gehorsam und am Dominanzverhalten gearbeitet. Anschließend mussten die drei Hunde lernen, im Auto zu sitzen, angeschnallt zu sein, um dann die rechte und linke Pfote für die verschiedenen Abläufe beim Autofahren einzusetzen: Wie etwa, den Startknopf zu bedienen, im wechselnden Einsatz mit den Pfoten zu schalten, zu lenken oder die Bremse zu bedienen, die Geschwindigkeit zu dosieren und zu halten. Denn zunächst waren sie zu schnell unterwegs! Um anhalten zu können, lernten sie, beide Pfoten einzusetzen. Die Hunde lernten auch, Signale über Walkie-Talkie zu erhalten und diese zu verstehen, einschließlich den Trainer zu akzeptieren, der draußen auf der Strecke stand. Auch ihre »Übelkeit beim Autofahren« mussten zwei der drei Hunde zunächst überwinden lernen.

10. W.-M. Jeder der drei Hunde hat einen speziellen Charakter. War es deshalb notwendig, verschiedene Lehrmethoden anzuwenden? Oder lernten die Drei nach derselben Methode?

M.V. Nein, sie alle hatten ihren eigenen Weg zu lernen: So lernte Monty zum Beispiel gut über Lob. Ginny mehr über »Nahrungs-Belohnung« und Porter lag dazwischen.

11. W.-M. Was bedeuten Tiere – insbesondere Hunde – für Sie persönlich?

M.V. Hunde sind Mittelpunkt meines Lebens. Ich liebe Hunde. Ich hatte immer Hunde in meinem Leben und ich erwarte, dass es immer so bleibt.

Monty, Porter und Ginny lernen nun auch nach ihrer Fahrprüfung weiter und sind alle inzwischen bei uns zu glücklichen Familienhunden geworden!

12. W.M. Viele Menschen denken, nur die Hunde können von uns Menschen lernen, nicht aber wir von ihnen. Ich erzähle es immer wieder: Ich lerne jeden Tag von Hunden und mit ihnen zusammen. Wie ist Ihre Meinung dazu?
M.V. Ja, wir lernen als Menschen mehr von ihnen, als sie von uns lernen können; vorausgesetzt, wir besitzen einen offenen und trainierten Geist.

13. W.M. Was wünschen Sie sich für das zukünftige Zusammenleben zwischen Menschen und Tieren?
M.V. Ich wünsche mir Harmonie auf der Welt, dazu regenerierte Lebensräume ohne Umweltverschmutzung sowie einen klugen Umgang mit allen Arten der Schöpfung.

Vielen Dank, Herr Vette!

Fazit ...

Diese Beispiele sensibilisieren uns für die ungewöhnlichen Fähigkeiten von Hunden! Voraussetzung dafür ist aber: Wenn wir dann nur damit beginnen, Hunde etwas lernen zu lassen! Und diese Hunde haben sehr viel gelernt, in nur sehr kurzer Zeit. So lernten sie, wie ausgeführt, etwa 50 Trainingselemente in etwa drei Monaten! Und »Filmhunden«, wie »Hercules«, hat Mark Vette sogar 200 verschiedene Trainingselemente beigebracht, die dieser jeweils richtig kontextbezogen einsetzen und abrufen konnte! Bei dieser differenzierten Arbeit hat Vette mit diesen hoch ausgebildeten Hunden sogar jeweils eine eigene Sprache entwickelt!
Alle drei Hunde, Porter, Monty und Ginny waren Straßenhunde und wurden von der neuseeländischen Tierschutzorganisation »SPCA« zuvor aufgenommen. Und nach der landläufigen gesellschaftlichen Meinung hätte ihnen wohl niemand zugetraut, dass sie zunächst zu Rettungshunden ausgebildet werden konnten und dann sogar das Autofahren erlernten! Und wie oft mussten sich diese Drei nunmehr weltweit bewunderten Hunde vielleicht in ihrem Leben zuvor von Durchschnittsbürgern etwa mit »blöde Straßenköter« anpöbeln lassen. Eventuell sogar von Personen, die diesen drei fabelhaften Hunden selbst nicht einmal das Wasser reichen konnten?

2.4 Wenn Hunde gefördert werden

Damit kommen wir auch zur nächsten Frage: Wurde ein Hund in seinem bisherigen Leben gefördert? Oder wurde er beim Lernen und bei Explorations-Erfahrungen sogar behindert oder ausgebremst?

Alle Individuen, selbstverständlich auch Hunde, haben neben ihrer eigenen Veranlagung auch individuelle Lebenserfahrungen gemacht: Entweder eine Förderung ihrer Fähigkeiten oder im schlimmsten Fall sogar eine Deprivation erfahren. Manche Tiere haben sogar neben dem Reizentzug, also einer Deprivation mit fehlender Förderung, noch Isolationshaltung in ihrem bisherigen Leben durchlitten!

Wenn wir über Hundeverhalten und über hundliche Fähigkeiten sprechen, geht es im Prinzip nur um jene Erfahrungen, die wir mit uns bekannten Hunden und aufgrund des Einsatzes unserer eigenen Potentiale gemacht haben. Im Fokus ist hierbei kaum, was wir alles noch nicht versucht haben, unserem Hund beizubringen! Wahrscheinlich füllte dieses aber jeweils einen Katalog von Hunderten von Seiten oder sogar mehr.

All diese Beispiele machen uns einerseits auf menschliche Vorurteile aufmerksam, andererseits darauf, dass wir aus dem Staunen gar nicht mehr herauskommen, wenn wir selbst beginnen, kreativ mit unseren Hunden zu arbeiten und zu kommunizieren!

Somit ist zu erwarten, dass wir in der nächsten Zeit noch mit vielen weiteren Überraschungen aus der Kognitionsforschung rechnen dürfen. Und all dies sollte bei uns auch im Umgang mit Hunden im Alltag Berücksichtigung finden: Denn wenn Hunde sich, die mit solch' unglaublichen Potentialen ausgestattet sind, permanent wegen Unterbeschäftigung langweilen müssen, weil ihnen ihr einfallsloser Hundehalter ein monotones Leben beschert, dann ist dies schlicht und ergreifend tierschutzrelevant!

3. Zur Bedeutung des Hundes als Sozial- partner und für die Kulturentwicklung des Menschen

3.1 Wie die Supersymbiose zwischen Mensch und Hund entstand

Der Beginn dieser einzigartigen und wundervollen Beziehung zwischen Hunden und Menschen reicht lange zurück. Allein schon der Phase der artgeschichtlichen Gewöhnung frühzeitlicher Wölfe an den Menschen ist eine Zeitspanne von etwa 100.000 Jahren zuzurechnen. Nach aktuellem Wissenschaftsstandard begannen sich bereits vor etwa 135.000 Jah- ren weniger scheue Wölfe menschlichen Siedlungen zu nähern. Aus diesen Wolfsgruppen, deren wichtigste Merkmale eine geringe Flucht- distanz und Zutraulichkeit gegenüber unseren Vorfahren waren, entstand schließlich in einer ökologischen Nische eine neue Art, nämlich der Hund, in der Fachsprache auch als Canis lupus familiaris bekannt. Dessen spätere Domestikation wird auf etwa 15.000 Jahre zurückdatiert.

Hervorzuheben ist dabei: In dieser letzten Phase haben sich Hund und Mensch sogar wechselseitig genetisch beeinflusst. Nur so ist zu erklären, weshalb uns keine andere Tierart so gut versteht, wie unsere Hunde. Zu einer Artbildung sind ganze Populationen erforderlich, keinesfalls nur einige wenige Individuen. Die genetischen Eigenschaften einer Art werden nur in einem sehr langen, kontinuierlichen Prozess verändert, indem bestimmte Merkmale durch andere jeweils ersetzt werden. Dabei setzen sich jene Gene durch, die in einem bestimmten Umfeld Vorteile mit sich bringen: Somit wird es möglich, dass sich die Anzahl der überlebenden Nachkommen erhöht und sich zudem neue Merkmale verbreiten können.

Die ersten Siedlungen, die Menschen für ein sesshaftes Leben errichteten, entstanden erst als sie ihr nomadisches Leben als Jäger und Sammler beendeten und begannen, Landwirtschaft, Ackerbau und Tierhaltung zu betreiben. Dies brachte auch für die im Umfeld dieser Siedlungen lebenden Wölfe Vorteile: Nunmehr tat sich nämlich für die weniger scheuen Wölfe eine neue ökologische Nische auf, in der für sie ständig allerlei Fressbares anfiel. Diese neue Lebensnische nutzten insbesondere zutrauliche Wölfe mit geringer Fluchtdistanz, im Gegensatz zu den scheuen Wölfen, die sich durch die Nähe des Menschen gestört fühlten und flüchteten. Eine ganz andere Ökonomie betrieben ihre zutraulicheren Artgenossen in der Nähe menschlicher Behausungen: Sie verloren auch weniger Energie für lange kräftezehrende Beutezüge oder für Fluchtaktionen, da sie vorhandenen Ressourcen im Umfeld von Menschen nutzen konnten. Gleichzeitig bedeutet dies auch einen Vorteil für das Überleben und die Überlebensquote ihrer Nachkommenschaft. In dieser langen Zeitspanne, die über Jahrzehntausende dauerte und die in kleinsten Etappen verlief, kam es zur Annäherung zwischen Wolf und Mensch. Beide Arten lernten sich über Beobachtung und Erfahrungen immer besser kennen. Wölfe wussten nun zunehmend, wie und wo sie in der Nähe menschlicher Siedlungen überleben konnten – und zwar ohne zu jagen. Eine ganz wesentliche Grundvoraussetzung für Wölfe war allerdings, dass sie zutraulich und sozialverträglich waren und zudem eine geringe Fluchtdistanz aufwiesen.

Auch für die menschliche Entwicklung brachte schließlich die Symbiose zwischen Mensch und Hund erhebliche Vorteile. Und Hunde sind für die menschliche Kulturentwicklung nicht wegzudenken. Dies können wir gar nicht hoch genug würdigen! Ob als Herdenschutzhund, als Jagdhund oder sogar als Schoßhunde in der Renaissance: Hunde wurden schon bald für das menschliche Leben unverzichtbar, insbesondere auch durch ihre Intelligenz und eine hohe Anpassungsfähigkeit. In fast allen Lebensbereichen des Menschen nahmen sie bald über ihre erstaunlichen und vielseitigen Fähigkeiten eine hervorragende Bedeutung ein. Und Menschen machten sich schon früh die Fähigkeiten und Eigenschaften der Hunde zunutze.

Hohe Varianz bei Hunderassen

3.2 Hunde im Einsatz für Menschen – ein Überblick

Auszugsweise sollen einige der unzähligen Bedeutungen des Hundes in der Geschichte mit uns Menschen vorgestellt werden. Hunde eignen sich als Treib- und Hütehunde, als Herdenschutzhunde; als Haus- und Familienhunde, als Jagd- oder Vorstehhunde, als Schlitten- oder Apportier-, Stöber- und Wasserhunde. Außerdem sind sie Spezialisten in vielen Sondereinsatzbereichen.

Denn ob als Lawinensuchhunde oder im Einsatz in Erdbebengebieten, zum Auffinden von Waffenmunition oder als Kampfmittelspürhunde, die Einsatzbreite von Hunden weitet sich unaufhörlich aus: So werden Hunde beispielsweise auch nach Terroranschlägen eingesetzt, um Opfer zu finden. Sie arbeiten ferner als Sprengstoff-Suchhunde oder als Brandmittelspürhunde. Ihre Fähigkeiten sind beeindruckend: Ein Rauschgift-Spürhund kann sogar 40 verschiedene Rauschgiftmittel ausmachen; ebenso kann ein Sprengstoffspürhund genauso viele verschiedene Sprengstoffe erkennen.

Es wird nach wie vor gesellschaftlich völlig unterschätzt, wie sehr wir auf Hunde angewiesen sind! Hunde sind auch für uns im Einsatz als Blindenhunde oder bei der Vermisstensuche, dem sogenannten Man-Trailing-Spürverfahren. Sie arbeiten als Wassersuchhunde bzw. Leichensuchhunde, ebenso als Dual-Purpurse-Hunde, wobei sie dann im Einsatz für mehrfach behinderte Personen sind.

Ganz besonders werden Hunde für uns auch als Sozialpartner immer wichtiger! Wissenschaftler gehen heute längst davon aus, dass die soziale Entwicklung des Menschen durch Hunde nachhaltig gefördert wird und wurde! Ebenso wie auch unsere Empathie-Fähigkeit, unsere Herzlichkeit und sogar das soziale Lachen! Soziologen wie auch Ethologen beschäftigen sich unlängst mit Fragen, wie etwa: Ist Menschlichkeit »hundisch«? Längst ist wissenschaftlich und zweifelsfrei nachgewiesen: Tiere

Blindenhund

tun uns Menschen gut, sie stabilisieren und sozialisieren uns, vor allem aber unsere Hunde. Daher gibt es kaum noch gesellschaftliche Bereiche in der modernen Medizin und Pädagogik, in dem Hunde nicht eingesetzt werden: Sei es in Kliniken oder Seniorenheimen, in Schulen oder in Kindergärten, sogar in Bereichen der Psychiatrie und sogar im Strafvollzug! Hunde helfen bei Erziehung und Heilung. Wer Hunde liebt, ist niemals einsam!

Hundepersönlichkeiten

Hunde kooperieren gerne mit uns Menschen und lassen sich auch fast immer gut zum Therapiehund ausbilden, sofern der Mensch mit Liebe, Respekt und profundem Fachwissen wie auch Einfühlungsvermögen für den Hund diese Ausbildung gestaltet. Dazu gehört auch, den Hund beim Einsatz zu begleiten und die Einsätze mit Augenmaß zu begleiten. Sehr oft werden Hunde leider als Therapiehunde überfordert. Der zeitliche Einsatz sollte eher kürzer als zu lange gewählt werden. Und zwischen den Einsätzen benötigen Therapiehunde dringend Rückzugsmöglichkeiten oder auch Auslauf und Spiel.

Studien belegen eindeutig: Hunde sind grundsätzlich hoch motiviert, wenn es darum geht, Menschen zu helfen. Auch fremden Menschen gegenüber! Allerdings muss das Ziel des Menschen für sie deutlich kommuniziert werden. Daraus folgt, dass es fehlende Hilfsbereitschaft bei Hunden nicht gibt, sondern, dass sie meist nicht verstehen, worum es dem Menschen eigentlich geht.

Hunde sind grundsätzlich hoch motiviert, wenn es darum geht, Menschen zu helfen.

3.3 Chronik: Bedeutung von Hunden in der Menschheitsgeschichte

Schon im alten Ägypten, bereits etwa 3000 vor Christus, wurden Hunde sehr verehrt und waren das beliebteste Haustier! Dies belegen alte Gräber eindeutig. Hunde wurden aber damals schon für die Jagd ausgebildet.

Auch im antiken Rom, etwa 500 vor Christus, hatten Hunde eine besondere Bedeutung: Sowohl als Wach- und Hirtenhunde, wie auch als Jagdhunde. Doggen sollen sogar mit in die Kriege genommen worden sein; sie wurden außerdem in der Arena für Kämpfe und Zirkusdarstellungen missbraucht.

Im Alten China, etwa 200 vor Christus, wurden Miniatur-Pekinesen gezüchtet (Kreuzung aus Lhasa-Apso und Pai), die sogar in Kleiderärmeln von Menschen Platz fanden. Angeblich, um ihre Besitzer von dort aus verteidigen zu können. Leider wurden in China vor allem auch Chow-Chows zum Verzehr gezüchtet, ebenso wegen ihres wunderschönen Fellkleides. Beliebteste Hunde bei den Azteken waren Überlieferungen zufolge Chihuahuas. Bereits im 8. Jahrhundert nach Christus wurden diese insbesondere von Aztekenpriestern gehalten. Es wird berichtet, dass dort Hunde auch »als Führer der Toten ins Jenseits« betrachtet wurden und demzufolge verlor beim Tod eines Menschen auch jeweils ein Chihuahua sein Leben.

3.4 Mittelalter: Beginn der Hundezucht

Im Mittelalter erfuhr die Hundezucht einen Bedeutungszuwachs, wobei neue Rassen entstanden, wie z. B. der Windhund mit der Aufgabe, das Wild über weite Strecken zu hetzen. Schon im frühen Mittelalter hatte man aber auch für die Hasenjagd Windhunde gezüchtet. Hierfür handelte es sich um einen leichteren Windhundetyp als beim Windhundetyp für die Schwarz- und Rotwildjagd. Beim letzteren Windhundetyp fand vermutlich eine Einkreuzung mit Doggen statt. Das hohe Ansehen und die Bedeutung von Windhunden im Mittelalter wird auch über Jagdbilder belegt. Eine vergleichbare Rassezucht wie heute existierte aber in der Zeitspanne von etwa 1300 bis 1600 nicht. Hunde wurden insbesondere im Hinblick auf ihre Funktionen gezüchtet, weniger nach ihrem Exterieur. Es wurden daher Hunde gezüchtet, die ihre jeweiligen Aufgaben gut erfüllen sollten, also nach Veranlagung und Talent, wie z. B. für die Jagd. Das änderte sich allerdings im späteren Mittelalter: In menschlichen Siedlungen zeigten Funde von Hundeknochen erste deutliche Hinweise auf eine beginnende Hunderassezucht.

Im 18. Jahrhundert hatte der Hund inzwischen in allen Bevölkerungsschichten Einzug gehalten. Die Anzahl der Hunderassen nahm von nun an stetig zu.

3.5 Gesundheit vor Exterieur: Verantwortung bei der Rassezucht!

In den folgenden Jahrhunderten nahm die Vielfalt, insbesondere beim Exterieur in der Hundezucht zu. Leider bis heute sehr häufig zum Nachteil von Hunden. Hunde bezahlen menschliche optische Ideal-Vorstellungen oft genug mit ihrer Gesundheit: So fristen Möpse mit ihren flach gezüchteten Nasen häufig ein Leben als Asthmatiker, Dalmatiner bezahlen für ihre Tüpfelungen im Fell mit häufiger Taub- und/oder Blindheit. Immer weniger Hunde gelten inzwischen noch als gesund: So nehmen Herzkrankheiten, Epilepsien, Verhaltensstörungen oder die Unfähigkeit, ohne Kaiserschnitt Nachwuchs auf die Welt bringen zu können, bei Hunden zu. Und das ist Menschenwerk! Und kaum jemand weiß: »Wer Fellfarben züchtet, beeinflusst damit auch die Gesundheit von Hunden grundlegend bis hin zur Induzierung (Verursachung) von Verhaltensstörungen und Auffälligkeiten!«

Wir stehen den Hunden gegenüber in der Pflicht und Verantwortung, hier schleunigst und umgehend eine Kurskorrektur einzuleiten!
Außerdem sollten wir niemals vergessen: Tiere und insbesondere Hunde sind uns anvertraut! Außerdem sind sie für uns Menschen in einer urbanisierten, zunehmend denaturierten und sinnentleerten Welt unser letztes Verbindungsglied zur Natur!

4. Wie erlernen Hunde ihr Kommunikationsrepertoire?

Hunde verfügen über ein hoch differenziertes Ausdrucksverhalten. Es ist ihre erste Sprache, während die Vokalisation der Hunde, also ihr Lautäußerungsverhalten, im Gegensatz zu uns Menschen, erst an zweiter Stelle steht. Aber es gibt weitere, sehr wesentliche Unterschiede in der Kommunikation zwischen Menschen und Hunden, die im Folgenden dargestellt werden sollen. Dazu gehört auch die Frage: Wie erlernen Hunde überhaupt ihr Kommunikationsrepertoire?

4.1 Hunde sind Meister der Konfliktlösung

Vorab ist zu betonen: Konstruktive Kommunikation hat bei Kaniden Vorrang! Nicht nur Hunde, sondern auch Wölfe sind Meister der Konfliktlösung. Kaniden, also alle »Wolfsartigen«, zeigen ihrem Gegenüber über ein »Frühwarnsystem« mit sechs primären Eskalationsstufen ihre Gestimmtheit und oder auch ihr »Nicht-einverstanden-Sein« an. Über ihr differenziertes Ausdrucksverhalten vermitteln sie dies dem anderen, ob Mensch, Hund oder auch anderen Tieren gegenüber. Ebenso zeigen sie dies bei unerwünschten Distanzunterschreitungen:

6 Eskalationsstufen

Eskalationsstufen:
1. Distanzdrohen, Zähneblecken
2. Abwehrschnappen, auch mit Distanzunterschreitung
3. Über-die-Schnauze-Beißen, Drohungen mit Einsatz von Körperkontakt
4. Runterdrücken, Quer-Aufreiten, den Weg verstellen
5. Gehemmte Beschädigung, Anrempeln
6. Beißen, Beißschütteln, Beschädigungs- oder Ernstkampf

Die Fähigkeit zur Deeskalation wie auch das gesamte Ausdrucksrepertoire ist bei Hunden in seinen Grundlagen bereits genetisch angelegt. Zusätzlich muss es unbedingt über das soziale Lernen in sehr nuancierten Feinabstimmungen im Familienverband erlernt werden. Das angelegte Kommunikationsrepertoire wird dabei in Bahnen gelenkt. Sozusagen als notwendige »Lebensschule«, zum späteren Überleben eines jeden adulten Hundes.

Die folgenden Ausführungen betreffen insbesondere einen »hundlichen Familienverband« mit Hunden verschiedenen Alters.

Neben den sozialen Beziehungen spielen auch die Aufgabenverteilungen in der Hundefamilie eine wichtige Rolle. Vorrangig formen und bestimmen die Elterntiere die sozialen Beziehungen. Aber nicht nur die Elterntiere spielen hierbei eine besondere Rolle und haben Vorbildfunktion gegenüber Welpen und Junghunden, auch die Interaktionen der älteren Geschwister, die sich in den Kommunikationsformen von denen der Welpen unterscheiden, werden von den Jüngsten beobachtet und nachgeahmt. All dies ist wichtig für das soziale Lernen der Welpen und auch der Junghunde.

Erste wichtige Lektionen sind für die Welpen: Halte bei Aufforderung Abstand und beantworte entsprechende Signale mit respektgebenden Gesten!

Respektgebende Gesten gegenüber anderen Tieren bedeuten bei Kaniden keinesfalls »weniger wert« oder »unbedeutend« zu sein, sondern sind notwendig, um bei Rangordnungsauseinandersetzungen oder bei »Meinungsverschiedenheiten« einen Beitrag zur Deeskalation zu leisten.

4.2 Stufen zum Erlernen einer differenzierten Kommunikation

Bereits neugeborene Welpen werden von der Mutter nicht nur aktiv versorgt, sondern erfahren hier ihre ersten wichtigen Kommunikationssignale. Die Welpen lernen von ihr nicht nur Zuwendung, sondern bereits auch feinste Nuancen von Droh- und Abwehrsignalen.

Schon für einen Welpen ist es ganz wichtig zu lernen: »respektiere gesetzte Grenzen« und »halte auch Abstand ein«, selbst wenn dies von der eigenen Mutter eingefordert wird. Und Welpen testen gerne immer wieder ihre Grenzen aufs Neue aus: Auch dann, wenn ihre Mutter ihnen mit bereits drei bis vier Wochen zum ersten Mal nicht mehr uneingeschränkt körperliche Zuwendung oder auch das Trinken gestattet! Dieses neue mütterliche Verhalten ist für Welpen eine erste große Enttäuschung und sie versuchen nun ihrerseits diese gesetzten Grenzen auszuhebeln.

»Respektiere gesetzte Grenzen« und »halte auch Abstand ein«.

Dieser Entzug an Zuwendung der Hundemutter scheint an den natürlichen Gesetzen der Verhaltensbiologie »vorbeizugehen« und sogar inkonsequent zu sein. Dieser Entzug hat aber den Sinn, dass sich dadurch die ersten wechselseitigen sozialen Beziehungen gestalten, die das gemeinschaftliche Leben im Rudel prägen. Signale des Respekts-Einforderns der Älteren und Ranghöheren und Signale des Respekt-Gebens der jüngeren Hunde werden somit sehr früh erlernt! Gleichzeitig dient dies als Orientierungsrahmen für alle im Rudel, quasi als Verbindlichkeit, die auch Sicherheit schafft.

Vorbildliche Sozialisierung

4.3 Hunde und Menschen als Dialogpartner – ein Vergleich

Intakte Sozialisierung

Es ist zu betonen, dass die kommunikative Prägung von Hunden in ihrem Rudel bzw. familiären Beziehungsgeflecht konsequent, liebevoll, spielerisch und gewaltfrei abläuft, als intakte Sozialisierung, sofern sie nicht vom Menschen gestört wird! Hingegen verläuft die menschliche Prägung und Erziehung deutlich weniger konsequent und gewaltfrei ab! Das soziale Lernen hat bei Menschen insgesamt wesentlich weniger Bedeutung als bei Hunden: Die menschliche Sozialisierung – mit eher beliebigen Vorbildern – beginnt hingegen sehr früh mit Leistungsorientierung und Konkurrenzverhalten.

4.4 Die differenzierte und klare Sprache der Hunde

Hunde verfügen über ein hoch differenziertes Ausdruckverhalten, dass kontextbezogen gegenüber Menschen und Hunden sowie anderen Tieren eingesetzt wird. Auch Rasse und Anatomie eines Hundes spielen dabei eine Rolle. Es ist höchst erstaunlich: Wölfe verfügen allein im Kopfbereich über etwa 60 Ausdruckszeichen auf 11 Etagen, die sie je nach Abfolge zu Hunderten von Ausdruckssignalen bündeln können. Dies neben ihren anderen körpersprachlichen Signalen. Und auch Hunde verfügen noch über einen großen Teil des Kommunikationsrepertoires eines Wolfes, dem »Urvater« des Hundes. So besitzt der Alaskan Malamute noch über 43 Ausdruckszeichen im Kopfbereich, während es beim Deutschen Schäferhund nur noch 12 Ausdruckszeichen sind.

Hunde kommunizieren ihre Botschaften eins zu eins und sie bringen klar und nuanciert zum Ausdruck, was sie meinen. Dieses auch stets kontextbezogen. Hunde offenbaren über ihr Ausdrucksverhalten auch innere Spannungen oder Konflikte, eine mögliche Unsicherheit, Angst oder Angriffsbereitschaft. Hunde sind in ihrer Kommunikation authentisch und auch von ihrer Verhaltensbiologie her unerschütterlich aufrichtig.

4.5 Besondere Vorteile und Möglichkeiten von »hundlicher Kommunikation«

Das Kommunikationsrepertoire ist bei Hunden wie bei sämtlichen Kaniden (Wolfsartigen) in den Grundstrukturen genetisch fixiert und erfährt schon früh im Rudel sowohl mit Wurfgeschwistern wie auch mit älteren Hunden ein Feintuning. Dies bedeutet, dass genetisch angelegte Fähigkeiten und Verhaltensweisen einen differenzierten »Feinschliff« – auch mit kontextbezogenen Verhaltensmodifikationen erfahren. Zudem entwickeln sich diese Fertigkeiten im Laufe des Lebens eines Hundes immer weiter, natürlich auch aufgrund seiner zunehmenden Kommunikationserfahrungen!

Feintuning

Dabei stellt die artübergreifende Kommunikation mit uns Menschen – sowohl für Hunde, aber auch für uns Menschen – eine besondere Herausforderung dar: Es geht zum einen darum, die Sprache und das Verhalten der jeweils anderen Art kennenzulernen und auch zu verstehen, sowie auch darum, damit angemessen umgehen zu können. Vor allem, um Konflikte und Missverständnisse zu vermeiden! Für beide Arten bedeutet dies eine »Doppelprägung« und das Erlernen einer anderen »Weltsprache«!

Artübergreifende Kommunikation

»Weltsprache« Eine Besonderheit dabei ist, dass Hunde aller Rassen und aller Kontinente nur eine »Weltsprache« besitzen: So kann sich ein Hund, der aus Kanada nach Europa einreist, sofort mühelos mit anderen Hunden, ob in Deutschland, Spanien oder in Dänemark »unterhalten«! Wir Menschen hingegen müssen viele Fremdsprachen erlernen, um länderübergreifend kommunizieren zu können. Denn Hunde besitzen in den Grundstrukturen ihrer Genetik die Voraussetzungen für die Verständigung und das Verstehen fremder Hunde, auch fremder Hunderassen! Und sie alle haben in ihrer Kinderstube sehr früh etwas ganz Entscheidendes erlernt: Das Respektieren von gesetzten Grenzen, denn Distanzunterschreitungen führen zu Konflikten!

Es braucht nicht betont zu werden, dass insbesondere bei uns Menschen der Verstoß gegen diese Verhaltensregeln tagtäglich und immer wieder zu Rechtsstreitigkeiten, sogar zu Krieg, Mord und Todschlag führt! Das sind Grundregeln zum Überleben, die Hunde sehr früh in ihrem Prägungslernen erlernen, sofern der Mensch dies nicht unterbindet!

»Lebensschule« Diese »Lebensschule« macht Hunde und Wölfe auch zu Meistern der Konfliktlösung. Nimmt man Hunden nun diese Möglichkeit, sind die Folgen meist fatal: Verhaltensauffälligkeiten oder große Umweltunsicherheit bis hin zu inadäquat gezeigtem Aggressionsverhalten sind die möglichen Konsequenzen.

Dann geht die Spirale für die betreffenden Hunde meist weiter nach unten. Eine Katastrophe jagt die andere! Dem betreffendem Hund drohen Konsequenzen: vom Wesenstest bis hin zur Euthanasie.

4.6 Kommunikations-Unterschiede zwischen Menschen und Hunden

Das gesprochene Wort des Menschen kann authentisch, aber auch aufgesetzt sein, um andere zu täuschen; zudem auch deutlich im Widerspruch zu seiner Körpersprache stehen! Dies kann auch deshalb andere überzeugen, da Menschen insgesamt über eine deutlich geringere Beobachtungsgabe als Hunde verfügen, die vortreffliche Beobachter sind.

Außerdem sind wir Menschen von unserer Sinnesphysiologie her, wie dem Riechen oder Hören, deutlich schlechter ausgestattet als Hunde. Dies bedeutet auch, dass Hunde über ein größeres Basis-Kommunikationsspektrum bei Wahrnehmungen verfügen als wir.

Viele Wahrnehmungsmöglichkeiten, die Hunde besitzen, wie zum Beispiel Vorwahrnehmungen von Erdbeben, Meteoriten-Verglühen oder sämtliche andere präkognitive Fähigkeiten (Vorwahrnehmungspotentiale) stehen uns nicht zur Verfügung. Nach wie vor können wir diese auch nur teilweise wissenschaftlich erklären.

Hunde selektieren partiell zudem besser: So imitieren sie nur für sie Sinnvolles, was wir von uns Menschen nicht uneingeschränkt behaupten können.

Hoch differenzierte Kommunikation

Menschen haben insgesamt auch ein völlig anderes Dominanzverständnis als Kaniden. Bei unseren menschlichen Werten und Zielen stehen Prestige, Gewinnmaximierung, Leistungsorientierung, Konkurrenzverhalten, »Funktionstauglichkeit« stark im Vordergrund. Soziales Lernen und Empathie-Fähigkeit hingegen verlieren immer weiter an Bedeutung. Und keinesfalls ist unsere menschliche Prägung nur gewaltfrei! Körperliche und seelische Gewalt sind nach wie vor in Familien, in Ausbildungsstätten oder am Arbeitsplatz (wenn dies auch meist geleugnet wird) leider an der Tagesordnung. Nach Krankenkassenstatistiken werden etwa sieben Millionen Menschen am Arbeitsplatz in Deutschland »gemobbt«, häufig mit der Folge von langen Krankenständen, Frühinvalidität und im schlimmsten Fall Selbstmord.

4.7 Unterschiedliches Dominanzverständnis zwischen Mensch und Hund mit fatalen Folgen

Konflikte zwischen Mensch und Hund sind schon deshalb in vielen Fällen vorprogrammiert, weil sich das Dominanzverständnis und Verhalten von Kaniden und Menschen deutlich unterscheidet: Bei Hunden und Wölfen stellt dominantes Verhalten eine ständig wechselnde und dynamische Kommunikationsvariante in einem bestimmten Kontext gegenüber einem bestimmten Kommunikationspartner dar. Dies nicht nur zur Klärung von Rangordnung, sondern auch als »Coping-Strategie«, also als eine Bewältigungsstrategie! Dieses vorrangig, um das eigene Überleben oder eigene Ressourcen abzusichern. Ein Hund, der zu einem Zeitpunkt ein dominantes Verhalten zeigt, kann wenige Momente später einem anderen Hund gegenüber ein subdominantes Verhalten zeigen. Somit ist es faktisch falsch, von einem dominanten Hund zu sprechen. Menschliches Dominanzverhalten hingegen hat weitaus weniger mit Überlebensstrategien als mit Machtdemonstrationen zu tun.

»Coping-Strategie«

Gesten und Formen der Dominanz über Symbole, wie Rolex, Luxusjacht, Fanfare ertönen lassen oder die Flagge hissen folgen keinesfalls evolutionsbiologischen Gesetzen, sondern dienen der Selbstdarstellung, der öffentlicher Aufmerksamkeit, der persönlicher Eitelkeit oder sogar als »Einschüchterungsstrategie«. Häufig sind es auch Rituale für die eigene Machtausübung! Hinzu können sich Sonderformen der menschlichen Dominanz zeigen: In Diktaturen auch über Realitätsverlust, Grausamkeit, Folter oder dem Massakrieren von Menschengruppen oder Tieren.

Für die Mensch-Hund-Beziehung bedeuten diese Zusammenhänge – und das kann nicht genug betont werden: Hunde verstehen keine menschliche Gewalt, denn sie wurden gewaltfrei, spielerisch, liebevoll und konsequent erzogen und geprägt. »Schlechtes Verhalten« wurde in ihrer Hundefamilie einfach ignoriert oder durch grenzsetzende kurze Gesten reguliert – oder der Welpe durfte einfach einen Moment lang nicht mehr »mitspielen«.

Hunde verstehen keine menschliche Gewalt! Diese verunsichert sie zutiefst und zerstört über kurz oder lang die Bindung und Beziehung zu uns Menschen! Mit menschlicher Gewalt-Sozialisierung können Hunde nichts anfangen! Aber wie wäre es, wenn wir als Menschen die Prägung der Hunde auch als Vorbild für unsere Schule des Lebens in unser menschliches Kommunikationsverhalten übernehmen könnten?

5. Fehlbeurteilungen und unzulässige Vergleiche zwischen Menschen und Hunden

5.1 Über die Grenzen menschlicher Vorstellungskraft

Häufig wird von Menschen die These aufgestellt: »Hunde hätten einen Entwicklungsstand von etwa 3-jährigen Kindern.« Dies aber ist nicht nur ein fragwürdiger Vergleichsversuch zwischen Menschen und Hunden, sondern auf dem wissenschaftlichen Prüfstand auch völlig unhaltbar. Weshalb? Unser menschliches Selbstverständnis tendiert dazu, alles durch die Brille allein nach menschlichen Maßstäben bewerten und beurteilen zu wollen, als gäbe es auf diesem Planeten nur uns Menschen mit unseren Wahrnehmungen, Fähigkeiten, Potentialen und Bewertungskategorien. Selbstverständlich gibt es auch viele Dinge und Zusammenhänge, die wir nicht sehen, kennen und verstehen können. Und gleichzeitig besitzen andere Tiere Fähigkeiten, die wir uns noch nicht einmal vorstellen können. Und dennoch existieren diese Phänomene! Diese Erkenntnis scheint für viele Angehörige der Spezies Homo sapiens allerdings unvorstellbar; denn greift man mit dieser Aussage nicht auch den menschlichen »Überlegenheitsanspruch« an? Folgen wir aber der Aussage, dass andere Arten über Fähigkeiten verfügen, die uns Menschen verschlossen sind, so steht außer Frage, dass wir unseren vermeintlichen Überlegenheitsanspruch gegenüber anderen Mitgeschöpfen neu überdenken und komplett neu definieren müssen, indem wir erkennen: Auch Tiere können und wissen Dinge, die sich unseren begrenzten menschlichen Möglichkeiten aber niemals erschließen werden!

... über die Grenzen menschlicher Vorstellungskraft

Und obwohl wir langsam beginnen zu begreifen, dass es so ist, kursieren weiterhin Vergleiche, die wir als Menschen aufstellen und die uns gleichzeitig als Menschen vom fachlich vernetzten Denken disqualifizieren, so als hätten wir sämtliche wissenschaftlichen Entwicklungen aus Verhaltensbiologie, Kognitionsforschung oder Kommunikationswissenschaften völlig verschlafen, wie beispielsweise: Hunde hätten eine »Entwicklungs- und Verständnisstufe« wie etwa dreijährige Kinder ...

Warum solche Vergleiche wissenschaftlich untauglich sind, wird in diesem Kapitel erläutert.

5.2 Kommunikation und Verhalten zu beurteilen, setzt Verständnis voraus

Stellen wir die These »Hunde haben einen Entwicklungsstand von etwa dreijährigen Kindern« auf den Prüfstand von Verhaltensbiologie und Kommunikationswissenschaften, so ist vorab zu konstatieren: Grundsätzlich können wir Kommunikation nur dort beurteilen, wo wir sie verstehen und wo gemeinsame Schnittmengen im Dialog bestehen.

Es gibt zwei Bereiche: Einmal den Bereich des gegenseitigen Verstehens zwischen Menschen, also innerhalb einer gleichen Art oder auch in der artübergreifenden Kommunikation zwischen Mensch und Hund wie auch mit anderen Tieren. Und zweitens gibt es Bereiche, in denen versucht wird, zu kommunizieren, die Botschaft den anderen aber nicht erreicht.

Nehmen wir die Kommunikation im Ultraschallbereich: Wir Menschen können beispielsweise Fledermäuse ohne technische Hilfsmittel nicht hören, geschweige denn verstehen. Auch im Vergleich des Gehörs von Mensch und Delphin, zeigt sich bei Delphinen eine Empfangs-Empfindlichkeit, die sich über sieben Oktaven erstreckt und um den »Faktor 10«, wie beim Großen Tümmler in Richtung höherer Frequenzen gegenüber dem menschlichen Gehör verschoben ist. Oder ein drittes Beispiel: Wir können eine Radiosendung nicht hören, weil bestimmte Frequenzen auf unserem Gerät fehlen.

Was bedeutet dies auf unsere Hunde bezogen?

Um Fähigkeiten, Kognitionsleistungen und Entwicklungszustand eines Hundes valide, also beweistauglich messen und mit jemand anderem vergleichen zu können, müssten wir absolut sicherstellen, dass wir das hoch differenzierte Ausdrucksverhalten mit der ebenfalls hoch differenzierten akustischen Kommunikation von Hunden in jedem Kontext genau sehen, einordnen und kontextbezogen verstehen können, was aber ausgeschlossen ist.

Zudem müssten wir auch noch »hundliche« Kognitionsleistungen beurteilen können, also »die Welt in ihrem Kopf« verstehen – und zwar in jeder neuen Situation und in jedem Moment.

Allein unsere Beobachtungsgabe muss bei diesem Auftrag versagen:

Denn beispielsweise haben »Alaskan Malamutes« allein im Kopfbereich etwa 43 mimische Ausdruckzeichen, die sie in unterschiedlicher Reihenfolge zu unterschiedlichste Signaleinheiten in der Bedeutung bündeln und variabel einsetzen können, neben den vielen anderen Ausdruckszeichen, wie über Rute, Ohrenstellungen, Körperhaltungen und Vokalisation. Hinzu kommen bei jedem Hund und jeder Rasse anatomische Besonderheiten.

5.3 Hunde haben eine weitaus differenziertere Sinnesphysiologie als Menschen

Kommunikationsfähigkeit hat insbesondere auch etwas mit der Sinnesphysiologie zu tun, also mit der Ausstattung, was wir wahrnehmen können: Wenn wir als Menschen über etwa 5 Millionen Geruchszellen verfügen und unser Hund aber 220 Millionen davon besitzt, dürfen wir getrost davon ausgehen, dass er uns gegenüber einen Informationsvorsprung besitzt, der so gigantisch und zudem an die emotionale Welt unseres Hundes gekoppelt ist, dass uns jede Vorstellungskraft dafür fehlt, welche Informationen und Kenntnisse bei unserem Hund auf der »kognitiven Landkarte« abgespeichert sind! Zudem angekoppelt an »Gigabytes« von Vorerfahrungen an das Leben des einzelnen Hundes.

Informationsvorsprung

Dass nun ausgerechnet ein dreijähriges Kind in der Lage sein soll, sich allein auf diesem Gebiet mit unserem Hund auch nur annähernd messen zu können, braucht als Ansatz nicht ernsthaft verfolgt zu werden. Denn alle Kenntnisse und Strategien, die ein Hund allein aus seiner Geruchswahrnehmung (Olfaktorik) ableitet, werden uns Menschen für immer verschlossen bleiben, ob als Erwachsener oder als Kind!

Außerdem ist wichtig festzuhalten: Adulte Hunde sind fokussiert und konzentriert! Kleinkinder keinesfalls!

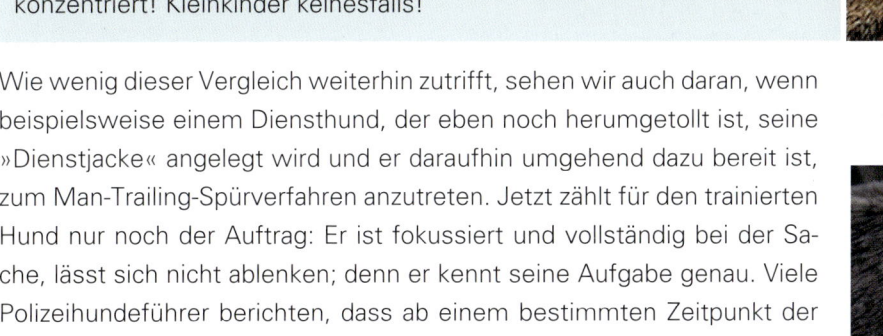

Wie wenig dieser Vergleich weiterhin zutrifft, sehen wir auch daran, wenn beispielsweise einem Diensthund, der eben noch herumgetollt ist, seine »Dienstjacke« angelegt wird und er daraufhin umgehend dazu bereit ist, zum Man-Trailing-Spürverfahren anzutreten. Jetzt zählt für den trainierten Hund nur noch der Auftrag: Er ist fokussiert und vollständig bei der Sache, lässt sich nicht ablenken; denn er kennt seine Aufgabe genau. Viele Polizeihundeführer berichten, dass ab einem bestimmten Zeitpunkt der Hund sogar selbständig die »Einsatzleitung« übernimmt, auch bei einer Verbrecherjagd!

Oder nehmen wir einen Blindenhund als ein anderes *Beispiel:* Wie zuverlässig und wie kontrolliert geleitet dieser Hund seinen Menschen durch den Alltag, hilft seinem Menschen, sich im Haushalt ohne Probleme zu bewegen und zu orientieren! Der Hund geleitet ihn sicher über die Straße oder über eine Kreuzung! Selbst auf Langlaufski oder mit einem Schlitten unterwegs, kann sich der blinde Zweibeiner absolut auf seinen Hund verlassen. Dass nun kleine drei-jährige Kinder all diese Aufgaben zuverlässig übernehmen könnten, ist mehr als abwegig.

5.4 Das Kommunikationsrepertoire von Kindern ist wesentlich rudimentärer

Das Kommunikationsrepertoire von Kindern ist wesentlich rudimentärer als bei Junghunden, deren Kommunikationsfähigkeit hingegen bereits hoch entwickelt ist.

Die Entwicklungsphasen von uns Menschen sind nicht mit denen von Hunden zu vergleichen und es braucht ungleich länger, bis aus einem Säugling ein Mensch wird, der selbständig für sich sorgen kann, als dies bei Hunden der Fall ist. Auch das Prägungslernen von Hunden, das Erlernen des Sozialverhaltens und das des differenzierten Ausdrucksverhaltens geht wesentlich rasanter vor sich, wohl auch wegen der kürzeren Lebenserwartung von Hunden.

Ein Diensthund kann zum Beispiel bereits mit zwei bis zweieinhalb Jahren ein »Vollprofi« sein! Ein kleines Kind ist weit davon entfernt. Kinder agieren zudem stark emotional-diktiert, wollen gerne ihren eigenen Willen durchsetzen, aber kaum Ziele, die situations- und zweckdienlich oder gar lösungsorientiert sind, verfolgen.

Zudem besitzen bereits junge Hunde uns Menschen gegenüber den entscheidenden Vorteil, dass sie uns extrem gut beobachten und somit sehr schnell über uns Bescheid wissen und dieses »stille Wissen« in jedem Kontext nutzen können. »Zuhören-Können« ist hingegen weniger eine menschliche Tugend!

5.5 Verstanden werden kann nur, was klar gesagt wird!

Entscheidend für den Verständigungserfolg sind natürlich auch die Qualität und Differenziertheit unserer Botschaften. Daher sind die folgenden Fragen durchaus berechtigt: Sind unsere Botschaften im Dialog mit Hunden klar oder unklar? Sind wir konsequent oder voller Widersprüche in unseren Aussagen oder in unserem Verhalten? Sind sich die Familienmitglieder in ihren Aussagen gegenüber dem Hund einig? Oder widerspricht ein »Rudelmitglied« dem anderen ständig?«, etwa mit »Sitz«, »Komm«, »Bleib«, »Nein«, »Geh«!

Differenzierte Varianz

Wie viel differenzierte Varianz – oder anders ausgedrückt – wie hoch ist der Anteil an präziser Sprache, die wir als Menschen selbst in unserer Kommunikation gegenüber Hunden einbringen? Auf welche Kenntnisse in der Verhaltensbiologie von Hunden können wir im Gespräch mit ihnen zurückgreifen? Wie steht es um unsere eigene Selbstklärung, um unsere emotionale Stabilität, unser Verstehen von und um unser Verständnis für Hunde?

5.6 Präkognitive Fähigkeiten von Hunden

Hunde besitzen nicht nur »präkognitive Fähigkeiten«, sondern haben auch die Möglichkeit, seismologische Vorgänge wahrzunehmen. Es sind Fähigkeiten, die wir als Menschen nicht besitzen. So »melden« sie bereits Stunden zuvor, wenn ein Erdbeben naht oder zeitnah ein Meteorit verglühen wird. Es gibt viele Chroniken und Berichte, die aufzeigen, dass Hunde über Wahrnehmungs- und Orientierungsmöglichkeiten verfügen, die wir nach wie vor nicht erklären können.

5.7 Fehlbeurteilung von Hunden: Hunde beurteilen wollen ohne Kenntnis über deren Gesundheitszustand

So können auch Hunde beispielsweise an Schmerzen oder an einem Tumor leiden oder sie können an seniler Demenz (CDS) erkranken.

Mögliche Anzeichen für kognitive Dysfunktion (CDS) bei Hunden können sein:

Desorientiertes Herumwandern, grundsätzliches Desorientiertsein, an der falschen Stelle oder an der falschen Türseite warten, ins Leere starren, den eigenen Besitzer nicht mehr erkennen, reduziertes Interesse an Zuwendung und an der Umgebung, reduziertes Interesse an Spielzeug oder an Kontaktaufnahme. Auch Stimmungsschwankungen, erhöhte Reizbarkeit, vermehrtes Schlafbedürfnis – vor allem tagsüber – sind häufige Symptome.

Außerdem zeigen an CDS erkrankte Hunde nachts ein unruhiges und eher geringes Schlafbedürfnis. Auch Unsauberkeit, Verlernen der Stubenreinheit, ein reduziertes Anzeigen von Urin- und Kot-absetzen-Wollen sind wie auch ein stereotypes Auf-und-ab-Laufen häufig. Hinzu kommen regelmäßig wenig zielgerichtete Aktivitäten.

Wichtiger *Hinweis ...*	*Treten mehrere der genannten Symptome auf, ist der Tierarzt unverzüglich zu konsultieren!*

Wenn Hunde an seniler Demenz erkranken, führt das Dysfunktionssyndrom CDS zu bleibenden Veränderungen im Gehirn, die dann auch zu massiven Verhaltensveränderungen bei Hunden führen; insbesondere durch die Anhäufung von Plaques oder durch Lipofuszin, das aus oxidierten Proteinen und Fetten besteht und nicht mehr von Körper abgebaut werden kann. Damit einher geht ein kontinuierlicher Verfall der kognitiven Fähigkeiten. Erste Demenzsymptome können bereits im Alter von sieben bis elf Jahren bei Hunden auftreten; dies sogar mit einer hohen, oft unterschätzten Quote. Hündinnen und kastrierte Hunde sollen angeblich häufiger betroffen sein, wobei eindeutige Studien hierfür noch eine Rarität sind. Degenerative Veränderungen des Gehirnes bei seniler Demenz haben Verhaltensänderungen zur Folge (vergleiche Kapitel 11, Seite 117 ff).

5.8 Wurde ein Hund gefördert, behindert oder ausgebremst?

Jedes Individuum, so auch Hunde, hat seine jeweilige Veranlagung. Dazu kommen die individuellen Lebenserfahrungen, das Faktum einer Förderung des Tieres oder im schlimmsten Fall sogar einer Deprivation, also eines Reizentzugs, eventuell sogar noch mit Isolationshaltung.

Wenn wir über Hundeverhalten und über »hundliche« Fähigkeiten sprechen, geht es dabei meist um jene Erfahrungen, die wir mit uns bekannten Hunden gemacht haben. Es geht weniger darum, was wir alles noch nicht versucht haben, unserem Hund beizubringen! Wahrscheinlich ein Katalog von Hunderten von Seiten oder mehr sogar.

Das genannte Beispiel von Hunden aus Neuseeland (vergleiche Kapitel 2.1, Seite 22), die kürzlich als erste Hunde auf der Welt einen Autoführerschein unter Aufsicht des neuseeländischen Fernsehens gemacht haben und dabei selbstständig in einem umgebauten Mini auf einer Rennstrecke in Auckland Auto fuhren, nach gerade mal dreimonatigem Training, sollte uns wiederum für die ungewöhnlichen Fähigkeiten von Hunden sensibilisieren, wenn man nur damit beginnt, sie etwas lernen zu lassen. Und diese Hunde haben sehr viel in nur kurzer Zeit gelernt. So berichtete mir Mark Vette im Interview (siehe Kapitel 2), dass diese Hunde etwa 50 Trainingselemente zum Autofahren zuvor erlernen und adäquat einsetzen können mussten, wie Vorgänge des Schaltens, Kuppelns, des Gasgebens oder des Beschleunigens. Sie beherrschen auch die Fertigkeit, zu bremsen, die Geschwindigkeit und Fahrlinie zu halten, Fehler zu korrigieren, dabei »Walkie-Talkie-Signale« von extern zu verstehen und umzusetzen. Und sie mussten lernen, mit der zunächst durch das Autofahren bedingten Übelkeit umzugehen. Alle drei Hunde waren Straßenhunde, die vom Neuseeländischen Tierschutz SPCA zuvor aufgenommen worden waren und denen nach der gesellschaftlichen Meinung all das niemand zugetraut hätte.

Mark Vette berichtete außerdem, dass er »Filmhunden«, wie Hercules sogar 200 verschiedene Trainingselemente beigebracht hat, die dieser richtig und kontextbezogen einsetzen und abrufen konnte! Dazu hatte Mark Vette mit diesen hoch ausgebildeten Hunden sogar eine eigene Sprache entwickelt. All diese Beispiele zeigen eindeutig, dass wir aus dem Staunen über Hunde oder besser gesagt über menschliche Vorurteile, gar nicht mehr herausfinden.

Wir können einen Hund oder ein Lebewesen, dessen Potentiale wir überhaupt nicht kennen und begreifen, keinesfalls einfach so nebenbei beurteilen wollen. Und das sollten wir auch gar nicht erst versuchen, indem wir unsinnige und unhaltbare Vergleiche aufstellen!

6. Von Wölfen und Hunden lernen

Wolfsverhalten

6.1 Was wir im Umgang von Wölfen und Hunden lernen können

»Können wir tatsächlich als Menschen etwas von Wölfen und Hunden lernen?«, werde ich immer wieder gefragt, wenn ich von den sozialen und kommunikativen Fähigkeiten von Wölfen und auch von Hunden begeistert berichte. Ja, und zwar eine ganze Menge! Weshalb dies auch für den Umgang mit unseren Hunden so sehr wichtig ist, soll im Folgenden näher ausgeführt werden.

Zunächst soll zu diesem komplexen Thema der international bekannte Wolfsforscher Werner Freund (geboren am 2. März 1933, gestorben am 10. Februar 2014), den ich im Wolfspark Merzig besucht habe, zu Wort kommen. Im Wolfspark Merzig leben derzeit in sieben Gehegen Nordische, Sibirische, Europäische, Schwedische, aber auch Polar- oder Timber-Wölfe. Dazu kommen zwei weitere Gehege, ein Ausweich- und ein Aufzucht-Gehege.

Der folgende Bericht von »einem Tag unter Wölfen« verdeutlicht recht gut, wie sehr wir das Sozialgefüge von Wölfen gesellschaftlich unterschätzen, und natürlich auch, was wir von den Beziehungen im Wolfsrudel alles lernen können.

Als erstes führt mich Werner Freund zu seinen Polarjung-Wölfen, die damals sechs Monate alt waren und dort mit den Alpha-Wölfen und einer »Wolfstante« in einem großen Territorium mit Rückzugsmöglichkeiten leben. Auch ein größeres Wasserbecken mit Abfluss – einer Quelle gleichend – gehört dazu. Sogleich versammeln sich alle Rudelmitglieder zur wölfischen Begrüßung ihres »Ehrenwolfes« Werner Freund, der die doppelt gesicherten Gehegetüren aufschließt und sich sofort im Rudel integriert. Die Fütterung steht an. Aber nicht nur im üblichen Sinne, dass aus Eimern Fleisch für das Wolfsrudel eingebracht wird. Nein, Werner Freund platziert sich mit seinen knapp achtzig Jahren auf dem Bauch liegend in einem spannenden Interaktionsprozess. So hat er für die Wölfe Futter auf seinem Rücken ausgelegt und hält außerdem Brocken in seinem eigenen »Fang«, welches ihm die älteren Wölfe daraus entnehmen.

Die Beziehung zu den Wölfen läuft ganz entscheidend darüber, wer der »Futterlieferant« ist, wer wem etwas abgibt oder überlässt. Werner Freund führt Regie in seinem Rudel nach Gesetzen, die er kennt! In der Herbstsonne erlebe ich ein Mensch-Wolfs-Rudel, völlig entspannt, vertraut – eine überwältigende Scene, in der die Wölfe ihrem »Ober-Alpha« nicht nur das Futter entlocken, sondern ihm über Mund, Lippen und Ohren nach wölfischem Prinzip der sozialen Beziehungspflege und Integrationsbestätigung im Rudel begegnen. Dazu erzählt mir Werner Freund, wie die Fähe und Tante es nach der Geburt der Welpen zunächst verstanden haben, ihn freundlich und spielerisch von ihrem Nachwuchs wegzulocken.

Interview ...

6.2 Im Interview mit Werner Freund (Wolfspark Merzig)

(Das Interview wurde 2011 geführt. Fragen von Barbara Wardeck-Mohr (im Folgenden mit der Abkürzung »W.-M.«), Antworten von Werner Freund (im Folgenden mit der Abkürzung »W.F«)

1. W.-M. Herr Freund, Sie sind nicht nur einer der bedeutendsten Wolfsforscher, sondern Sie haben zudem auch 17 Jahre lang als Verhaltensforscher Bären intensiv beobachtet. Wie kam es, dass Sie sich in den 1970er-Jahren den Wölfen zugewandt haben?

W.F. »Ja, ich habe zunächst in der »Wilhelma«, im Stuttgarter Zoo, als Tierpfleger Raubtiere wie Löwen, Tiger, Leoparden und auch Bären betreut. Als junger Mann hatte ich damals aber bereits sehr früh Kontakt zu Wölfen und ich erkannte sehr bald, dass ich mit Wölfen im gegenseitigen Verstehen und in der Verhaltensforschung sehr viel weiterkommen könnte. Da sich nun Bär und Wolf nicht vertragen, da sie natürliche Feinde sind, gab es auch eine Zeit, wo meine Ehefrau Erika und ich mit Bär und Wolf »getrennte Wege« gehen mussten, da gemeinsame Spaziergänge mit beiden Arten nicht möglich waren.«

2. W.-M. Was fasziniert Sie so sehr an Wölfen?

W.F. »Entgegen sämtlicher unsinniger und unhaltbarer Vorurteile, vom Mythos des blutrünstigen, verschlagenen Wolfes sind Wölfe hoch soziale und hoch intelligente friedliche Lebewesen, bei denen der Mensch übrigens gar nicht auf der Speisekarte steht.«

Anmerkung der Autorin: Nicht zuletzt wurden und werden sogar nach wie vor die negativsten menschlichen Eigenschaften auf Wölfe projiziert, was sich sogar durch die Märchenwelt zieht (Rotkäppchen) und damit wird bereits Kindern eine Fehlprägung eingeimpft. Schon Konrad Lorenz betonte stets die exzellente und hoch kontrollierte Beißhemmung der Wölfe im Artenvergleich.

3. W.-M. Wie haben Sie, Herr Freund, all das immense Wissen über Wölfe erworben?

W.F. »Alles was ich über Wölfe wissen muss, habe ich von ihnen gelernt, nämlich von den klügsten Alpha-Wölfen in den vielen Jahren und Jahrzehnten. Sie sind und waren meine Lehrmeister.«

4. W.-M. Gehen Sie weiterhin bei all Ihrem Wissen und Erfahrungen in die Vorlesungen von »Professor WOLF«?

W.F. »Selbstverständlich, ein Leben lang! Es gibt keine besseren und klügeren Lehrmeister für die Praxis!«

5. W.-M. Sind Sie durch das enge und intensive Zusammenleben mit den Wölfen jemand geworden, der Sie sonst nie hätten werden können?

W.F. »Ja, sicher haben die Wölfe mein Leben entscheidend beeinflusst.« Inwieweit aber, darüber bewahrt Werner Freund Stillschweigen!

6. W.-M. Herr Freund, eine Welt ist für Sie nicht genug! Sie leben in zwei Welten, in der Welt von Wölfen und in der Welt von Menschen.

W.F. »Ja, ich musste auch zum Wolf werden, um die Gesetze und Spielregeln der Wölfe zu verstehen und um mich an sie halten zu können. Sonst wäre der enge Kontakt in den Rudeln und eine Akzeptanz als Mensch von Wolfsseite aus unmöglich.«

7. W.-M. Sie werden von allen ihren Wolfsrudeln von jeher als »Ehren-Wolf« akzeptiert, so hat es Konrad Lorenz einmal gesagt. Was sind hierfür die Grundvoraussetzungen?

W.F.. »Schon früh habe ich von meiner Mutter gelernt, die Tiere zu respektieren und zu lieben, so wie sie sind, und zu versuchen sich in sie hineinzudenken und in sie hineinzufühlen. Wir müssen ganz einfach ihre Perspektive annehmen, von unserer menschlichen Perspektive auch Abstand nehmen können. Nur so können wir tatsächlich zu einer tiefen, verbindenden artübergreifenden Kommunikation zwischen Wolf und Mensch oder anderen Tieren kommen.«

8. W.-M. Sie waren einer der letzten, wenn nicht der letzte bedeutende Verhaltensforscher, den Konrad Lorenz in seiner letzten Lebensphase unbedingt noch kennenlernen wollte. Weshalb?

W.F. »Er wollte mich deshalb kennenlernen, weil, wie er mir damals in seinem Domizil »Schönburg bei Wien« mitteilte, er es nicht für möglich gehalten hätte, dass jemand soweit mit den Wölfen in der Forschung, im Zusammenleben und Verstehen kommen konnte.«

9. W.-M. Ihre zwei Welten, in denen Sie leben, Herr Freund, die der Wölfe und die der Menschen – wenn Sie sich für eine Welt jetzt entscheiden müssten, welche wäre es?

W.F. »Das behalte ich für mich!«

10. W.-M. Dabei gab es sicherlich unvergessliche, sicherlich auch kritische Momente. Was waren für Sie die einprägsamsten unvergesslichen Momente?

W.F. »Ich habe auch zuweilen »draufgezahlt«, weil ich aus Sicht der Wölfe ihr Verhalten fehlgedeutet habe, beziehungsweise es damals noch nicht kannte. Das war aber nicht die Schuld der Wölfe. So gab es zum Beispiel eine kritische Situation, in der Ranzzeit mit einem Alpha-Wolf, in der ich einen Angriff abwehren musste und mir dies nur durch meine frühere Ausbildung als Nahkämpfer gelang. Ich hatte in seinem Revier in der Ranzzeit harnmarkiert, anschließend markierte der Alpha-Wolf darüber, um dann unvermittelt Angriffsverhalten, z. B. über Drohfixieren und mit Starrblick, zu zeigen. Ich ließ den Wolf bis auf etwa einen Meter an mich herankommen, um ihn dann mit einem Fußtritt unter das Kinn abzuwehren. Der Konflikt war abgewendet und wir ließen einander während dieser Ranzzeit in Ruhe. Danach aber waren wir wieder unzertrennlich und die besten Freunde …!«

11. W.-M. Wie war das damals, als eine adulte Fähe Sie am Ohr verletzte?
W.F. »Es gab eine Situation, in der eine Fähe mir ein Teil meines Ohrläppchens abbiss. Kurzum, als das Blut heruntertropfte, kam der Alpha-Wolf und leckte mir das Blut ab. Dieses Verhalten zeigen Wölfe nur gegenüber »Ranghöheren«.

12. W.-M.. Sie sind weltweit der einzige Wolfsforscher oder Wolfsmensch, der von allen verschiedenen Wolfsrudeln, mit denen Sie zusammenleben, nennen wir es einmal als »Ober-Alpha« anerkannt wird. Wie haben Sie das geschafft? Gibt es dafür ein Geheimnis?
W.F. »Es hat natürlich mit einem ungewöhnlich hohen Einfühlungsvermögen zu tun, mit einer grenzüberschreitenden Empathie, mit Respekt gegenüber der Natur und den Mitgeschöpfen. Aber auch mit der Grundvoraussetzung, die Gesetze der Wölfe zu erkennen und anzunehmen, von der menschlichen Perspektive abzulassen. Wir Menschen beziehen stets alles nur auf uns selbst und unsere eigenen Prinzipien. Mir aber geht es um die »artübergreifende Beziehung«. Hinzu kommt, dass sich unsere Gesellschaft zunehmend naturentfremdet, denaturiert entwickelt hat, zudem mit einem hohem Maß an egoistischem Verhalten. Damit funktioniert das aber nicht!«

6.3 Was sagen uns die Ausführungen von Werner Freund?

Wesentliche Grundlagen jeder Beziehung mit Tieren sind Vertrauen, Respekt, Fachwissen und Akzeptanz über das Verhalten und die Kommunikationsregeln einer fremden Art. In diesem Fall sind es die »Wolfsgesetze!«
Die »Wolfsgesetze« beruhen auf Klarheit, mit Hierarchien, die innerhalb eines Rudels und bei Einhaltung des »Regelwerkes« – und das ist hervorzuheben – spielerisch, gewaltfrei und völlig entspannt ablaufen. »Wolfsgestik und Mimik« sind sparsam und effizient! Weiterhin betont Werner Freund mehrfach, wie wichtig Einfühlungsvermögen und ein »Sich-hineindenken-Können« in eine andere Art, wie etwa Wölfe sind.
Das bedeutet auch: Denken und Lernen wie Wölfe, nach ihren Gesetzmäßigkeiten Zusammenhänge verstehen! Eintauchen in ihre Welt, viel genauer betrachten um die »authentische Kraft der Wolfspersönlichkeiten« zu erfahren!

»Wolfsgesetze«

6.4 Wölfe in der freien Wildbahn im Kanadischen Ellesmere Island

Nachdem die Erfahrungen von Werner Freund vorgestellt wurden, folgen nun Ausführungen zu Wolfsbeobachtungen in der »Freien Wildbahn« von David Mech im Kanadischen Ellesmere Island.

Bisher wurde meist verkannt, dass Wölfe äußerst soziale und freundliche Raubtiere sind. Von Beschädigungskämpfen im eigenen Rudel wird bei frei lebenden Wölfen kaum berichtet. Von solchem mit tödlichen Ausgang extrem selten! So stellte David Mech bei seinen Wolfsbeobachtungen im Kanadischen Ellesmere Island über 13 Jahre in geschlossenen Rudeln nicht einen einzigen Beschädigungskampf fest! *Soziale und freundliche Raubtiere*

Ein deutlich anderes Verhalten zeigen Wölfe häufig in Gefangenschaft: Nämlich unter Stress, in begrenzten Gehegen mit verschiedensten Wölfen und von unterschiedlicher Herkunft. Diese Wolfszusammensetzungen sind »menschengemacht und unnatürlich« und besitzen daher auch keine Referenz für natürliches Wolfsverhalten! Der Eingriff des Menschen allein ist hier ursächlich für ein gänzlich anderes Wolfsverhalten sowie für mögliche Konflikte unter den verschiedenen Wölfen!

Grundsätzlich aber wird bei frei lebenden Wölfen versucht, Rangordnung über Kommunikation, also über Droh- und Unterlegenheitsgesten ohne Beschädigungskampf zu regeln; dies auch, um zu überleben und Kräfte zu sparen. Meist gibt der schwächere Wolf bereits vor einem Kampf nach, indem er sich auf den Boden rollt und den Hals zur Seite legt. Damit tritt beim überlegenen Wolf die sofortige Aggressionshemmung ein. Der Machtkampf ist unmittelbar beendet. *Aggressionshemmung*

Kommunikation im Wolfrudel ist durch lebendige Interaktion gekennzeichnet: Wolfseltern gestatten ihren Kindern durchaus einmal Überlegenheitsgesten zu zeigen, wie den Eltern das Futter zu stibitzen.

6.5 Vorbildlich: Souveränes Kommunikationsverhalten unter Wölfen

Gesten der Dominanz werden nicht nur von »Alphatieren« oder gar nur von männlichen Tieren gezeigt: Auch Fähen und Jungwölfe zeigen diese in verschieden Kontexten. Somit definieren David Mech und andere Wolfsexperten »Alpha-Tiere lediglich als Elterntiere«, die das Rudel souverän führen und das Leben im Rudel professionell organisieren, sei es bei der Jagd oder der Futterverteilung. Somit erfahren Rangordnung und Hierarchie die Bedeutung von »Souverän führen und Verantwortung im Rudel übernehmen«. Dies ist ein gänzlich anderes Hierarchieverständnis als es unter Menschen verstanden und gelebt wird!

Kommunikation wird keinesfalls rigide nur von Wolfseltern bestimmt. Die Aufzucht und Erziehung der Jungtiere erfolgt gewaltfrei, spielerisch, aber konsequent. Und wo notwendig, mit eindeutig definierten Grenzen. Sämtliche Kommunikationsformen, so auch Drohgesten, werden in fein nuancierten Abstufungen gezeigt. So haben Wölfe im Kopfbereich – wie bereits ausgeführt – allein 60 Ausdruckzeichen auf 11 Etagen, die sie je nach Anordnung zu unzähligen Bedeutungssignalen bündeln können. Diese sind für das menschliche Auge nur zum Bruchteil wahrnehmbar.

Alpha-Wölfe kontrollieren mit sparsamen Gesten, allein durch ihre souveräne Standhaltung, teilweise mit einem Starrblick das Rudel. Allein dieses mahnende Anstarren eines rangniederen Wolfes reicht aus, dass dieser die Ohren anlegt und sich geduckt davonschleicht. Häufig zeigen Wölfe aber auch entspannte frohe Gesichtsausdrücke mit offenem Maul, nach vorne gerichteten Ohren, locker heraushängender Zunge.

Auch Freude, sogar mit einem Hüpfen, wird bei Wölfen gezeigt, wenn sie Rudelmitglieder wiedersehen oder sich am späten Nachmittag zur gemeinsamen Jagd treffen. Rangordnung und Dominanzbeziehungen regeln bei Wölfen das Überleben. Keinesfalls dient dominantes Verhalten bei ihnen als Selbstzweck wie es uns Menschen bei Machtmenschen begegnen kann!

Fazit ...

Was bedeutet dies für uns Menschen und den Umgang mit unseren Hunden?

Hunde können uns nur dann perfekt verstehen, wenn wir in ihrer Sprache, nach ihren Gesetzen des Prägungslernens mit ihnen kommunizieren. Was aus ihrem Verständnis heraus bedeutet: klar, kontextbezogen, differenziert!

Hingegen ist es kontraproduktiv, wenn Menschen Hunde zutexten wollen. Dies vielleicht sogar emotional diktiert. Damit können Hunde nichts anfangen! Im Gegenteil, es verunsichert sie. Oft sind unsere »Ansagen« an Hunde widersprüchlich, Verstärkungen kommen zu spät und oft sogar zu falschen Kontexten. Denn häufig ist das gezeigte Verhalten eines Hundes dann schon Lichtjahre vorbei! Und wie selten sind unsere Botschaften an Hunde klar, sparsam und effizient, so wie Wölfe und Hunde es uns zeigen und vorleben. Für uns stehen dabei auch weitere wichtige Fragen im Raum: Was ist »hundliches« Normalverhalten? Wie integrieren wir es in unser gemeinsames Leben, in einer urbanisierten und zunehmend denaturierten Welt? Auch die »Meta-Ebene« spielt dabei eine entscheidende Rolle. Wie spreche ich mit meinem Hund? Könnte ich mich überhaupt verstehen, wenn ich mein Hund wäre?

All das sind Fragen, die uns beständig begleiten werden, wenn wir es denn wirklich ernst meinen, unsere Hunde zu verstehen und aus ihrem Blickwinkel die Welt zu begreifen.

7. Rhetorik für Hundehalter

7.1 Zur »Lage der Nation« im kommunikativen Umgang mit Hunden

Eines ist in den letzten Jahren deutlich zu beobachten und dieser Trend setzt sich leider fort: Ein gepflegter Umgangston – selbst unter Hundehaltern – ist längst keine Selbstverständlichkeit mehr! Ebenso nimmt auch die gesellschaftliche Toleranz gegenüber Hunden und selbst auch gegenüber moderat auftretenden Hundehaltern ab. Warum eigentlich? War das schon immer so?

Im Rückblick: Wenn sich noch vor etwa 20 oder 30 Jahren zwei Hunde in Feld und Flur einmal rauften, wurde das nicht gleich zur Staatsaffäre erklärt und schon gar nicht wurden bei Bagatellblessuren sogleich ein Rechtsanwalt, die Polizei oder gar die Ordnungsbehörden eingeschaltet. Meist einigte man sich auch über die Tierarztkosten gütlich, falls diese überhaupt in nennenswerter Höhe anfielen.

Um nicht missverstanden zu werden: An dieser Stelle sind nicht jene Vorfälle mit Hunden gemeint, bei denen Menschen oder Tiere angegriffen werden und gravierenden Schaden erleiden. Hunde mit einer eher selten vorkommenden gefährlichen Verhaltensauffälligkeit müssen unbedingt verstärkt verantwortungsvoll gehalten und geführt werden, um gravierende Zwischenfälle zu vermeiden.

Spielerische Raufereien unter Hunden gehören dazu!

Angespannte Hundehalter – höchst überflüssig!

Zur kommunikativen Lage der Nation im Umgang mit Hunden sei angemerkt, dass aus unerfindlichen Gründen längst nicht alle Hundehalter entspannt und heiter mit ihren Tieren unterwegs sind! Im Gegenteil: Der Miene nach zu urteilen, könnte man teilweise fast vermuten, Hundehaltung sei eine bierernste Sache! In einigen Fällen scheint sogar die Frage berechtigt: Ist ein bestimmter Hundehalter gerade unterwegs, um eine alte Miene zu finden oder gar einen Sprengsatz zu entschärfen? Dass sich diese Grundstimmung auf die Hunde überträgt, braucht nicht betont zu werden. Selbstverständlich muss jeder selbst wissen, wie er mit seinem Hund unterwegs ist. Allerdings muss dabei auch klar sein, dass Hunde aus angespanntem oder gereiztem menschlichen Verhalten ihre Schlüsse ziehen. Oft können sie dieses Verhalten nicht situationsgerecht bewerten und auch auf Hunde überträgt sich diese Anspannung. *Grundstimmung*

Aber auch andere Hund-Halter-Gespanne bleiben ja nicht immer davon verschont: So kann man selbst mit seinem eigenen Hund entspannt unterwegs sein und dann nichts Böses ahnend urplötzlich von solchem Zeitgenossen, der seinen Hund herumkommandiert oder hinter sich herschleift, attackiert werden! Oft ist der erste Gedanke dann: Hier möchte ich selbst nicht Hund sein! Was ist aber zu tun, um Konflikte bei Hundebegegnungen zu vermeiden, insbesondere, wenn ein anderer Hundehalter missgelaunt, angespannt oder auf Krawall gebürstet ist? *Konflikte*

7.2 Konstruktive und konfliktarme Kommunikation

Im Umgang mit andern Hundehaltern ist eine konstruktive und konfliktarme Kommunikation eine wichtige Zielsetzung! Vor allem auch im Interesse der Hunde, insbesondere des eigenen Hundes. Dazu sind Grundlagen aus der Rhetorik und Kommunikationspsychologie sehr hilfreich. Als erstes sollte festgestellt werden, ob ein sachliches Gespräch mit dem Gegenüber überhaupt möglich erscheint! Ist dies nicht der Fall, sollte auch in Erwägung gezogen werden, insbesondere bei notorisch stänkernden Zeitgenossen, diesen einfach aus dem Weg zu gehen. Selbstverständlich muss sich niemand anpöbeln lassen. *Konstruktive und konfliktarme Kommunikation*

Hier ist eine verbale Grenzsetzung schon angebracht, wie etwa »Bitte mäßigen Sie sich!« Und wenn das nicht hilft: »Was fällt Ihnen ein? Ich verbiete mir diesen Ton!«

Häufig empfiehlt es sich aber nach der Grenzsetzung einfach weiterzugehen, vor allem dann, wenn eine destruktive Diskussion zu erwarten steht, die absolut nichts einbringt, wie bei Personen, die unbelehrbar sind oder nur Dampf ablassen wollen. Andere wiederum wollen sich profilieren.

Oft ist es gar nicht so einfach, in wenigen Momenten herauszufinden, mit welcher Persönlichkeitsstruktur man es bei seinem Gegenüber zu tun hat. Wichtig ist es vor allem rechtzeitig zu erkennen, wann Dispute keinen Sinn machen. Und ganz gewiss ist: Lautstarkes Geschrei und Gezeter sollte man weder seinem Hund noch sich selbst zumuten.

Dispute

7.3 Konstruktive Gespräche und Schadensregulierung

Sollte unser eigener Hund allerdings einmal etwas angestellt haben, dann zeigen wir uns selbstverständlich kooperativ, um einen entstandenen Schaden umgehend zu ersetzen und versuchen, dies möglichst höflich und gütlich mit dem betroffenen Bürger oder Hundehalter zu regeln.

Rhetorik ist kein Ersatz für eine Hundehalterhaftpflichtversicherung

Wenn wir über Rhetorik für Hundehalter und über eine konstruktive und konfliktarme Kommunikation mit anderen Hundehaltern, Bürgern oder den Ordnungsbehörden sprechen, bedeutet dies keinesfalls, dass rhetorische Fähigkeiten ein Ersatz für eine Hundehaftpflichtversicherung darstellen! Im Ernstfall brauchen wir neben unserer Kommunikationsfähigkeit eben auch eine Haftpflichtversicherung – und natürlich auch einen gültigen Impfnachweis. Denn auch bei Hunden mit einer hohen Sozialverträglichkeit und bei Hunden, die wir gut zu kennen glauben, wie unseren eigenen Hund, kann es unerwartet, wenngleich auch in seltenen Fällen, zu unliebsamen Zwischenfällen kommen.

Ernstfall

7.4 Beispiele für Konflikte – und wie wir sie entschärfen können

Beispiele kennen wir alle: Ein Hund springt plötzlich einen Passanten an und beschmutzt dessen Mantel mit den Vorderläufen oder die Person stürzt sogar. Was nun? Die Reaktionen von geschädigten Personen nach solchen Zwischenfällen können nun eine ganze Bandbreite ausmachen: Bei einem wohlwollenden und souveränen Zeitgenossen kann die Antwort lauten. »Das macht nichts, ist alles halb so schlimm« oder »wenn Sie mir die Reinigung zahlen, ist die Sache in Ordnung«. Sie kann aber auch lauten: »Ich zeige Sie an! Ihr Hund ist gefährlich!«

Möglichst Ruhe bewahren!

Wichtig ist nun, erst einmal Ruhe zu bewahren und zu versuchen, dass eine unverhältnismäßige Emotionalität aus der Situation herausgenommen wird, beziehungsweise gar nicht erst zu einem gewaltigen Konflikt führt! Ebenso sollte Verständnis dafür gezeigt werden, wenn der Geschädigte zunächst einmal verärgert reagiert. Neben dem Angebot, für den (nachweislich) entstandenen Schaden aufzukommen, gehört außerdem eine angemessene Entschuldigung. Und nicht etwa eine Reaktion, wie:»Nun stellen Sie sich mal nicht so an, ihre Klamotten waren auch vorher dreckig!« (Gemeint ist, vor dem Anspringen des Hundes.) Hört die Person aber nicht damit auf, Vorwürfe zu machen, empfiehlt es sich das Ganze abzukürzen, vielleicht mit den Worten: »Lassen Sie uns das bitte in Ruhe klären. Wir finden bestimmt eine Lösung.«

Hunden möglichst Auflagen wie Maulkorb- und Leinenzwang ersparen!

7.5 Konstruktive Gesprächsführung, auch um Schaden für den Hund abzuwenden

Ganz wichtig ist es, in diesem Moment auch an den eigenen Hund zu denken! Denn manche Bundesländer, wie z. B. Hessen, haben Hunde, die Passanten nur freudig angesprungen haben, bereits in der nahen Vergangenheit zu »Gefährlichen Hunden« erklärt! Dies mit allen Konsequenzen und Auflagen. Dazu gehören neben einem Maulkorb- und Leinenzwang auch regelmäßige Wiederholungen des behördlich angeordneten Wesens-Tests, leider mit meist völlig unkalkulierbarem Ausgang. Ursache dafür ist die sehr unterschiedlichen Test-Methodik und Bewertung von Hundesachverständigen. Leider unterliegen diese in Deutschland keinesfalls einheitlichen Vorschriften. Ebenso sind bei den Ausbildungsstandards der Hunde-Sachverständigen exorbitante Unterschiede zu konstatieren! Nicht umsonst kursiert immer wieder folgendes Szenario über Wesens-Tests bei Hunden: Fünf Tester, ein Hund, fünf Testergebnisse!

7.6 Russisches Roulette bei Hundeverhaltensüberprüfungen

Denn selbst dann, wenn Hunde diese angeordneten Wesenstests nach einem Zwischenfall mit Bravour bestehen, in Hessen müssen sich die behördlich erfassten Hunde weiterhin alle zwei Jahre einem neuen Test stellen oder der Hundehalter verlässt das Bundesland Hessen. Was manchmal durchaus zu empfehlen wäre, denn eine Garantie dafür, dass selbst sozialverträgliche Hunde diese teilweise leider hochgradig tierschutzrelevanten Sub-Tests, nach den Buchstaben von Landeshundege-

Landeshundeverordnungen setzen beziehungsweise Landeshundeverordnungen bestehen können, gibt es definitiv nicht. Es ist kaum zu glauben, dass bei den gesetzlich vorgeschriebenen Sub-Tests Hunde sogar per Gesetz genötigt und bedroht werden sollen, um deren vermeintliche Stressresistenz zu testen! Um es klipp und klar zu sagen: Es handelt sich dabei um sogenannte »Überprüfungen«, die Hunde im Prinzip überhaupt nicht bestehen können und die wir als Menschen ebenfalls nicht bestehen würden! So heißt es gemäß der Hessischen Landeshundeverordnung: »Der Hund ist in belastende Situationen zu bringen!« Dies im aufgeklärten 21. Jahrhundert! Schon so manchem Hund wurden tragischerweise diese Wesens-Tests zum Verhängnis.

Tierschutzrelevant! Hunde in bedrohliche Situationen bringen!

7.7 Das kleinere Übel

Vor dem Hintergrund von unkalkulierbaren Risiken und unzumutbaren Belastungen durch Wesens-Tests für den eigenen Hund, wird sehr schnell klar. Die Frage, ob einem Geschädigten die Hose oder eine Reinigung bezahlt wird, gerät vor diesem Hintergrund schon fast zur Nebensache und Bagatelle. Die Kosten übernimmt dann in der Regel, wenn z. B. nicht grobe Fahrlässigkeit vorliegt, ohnehin die Hundehaftpflichtversicherung.

Fazit ...

Auch Vorfälle bei denen beispielsweise:

1. der eigene Hund jemanden »vom Fahrrad geholt hat«, obwohl der Radfahrer distanzunterschreitend direkt auf den Hund zugefahren ist oder

2. der Hund in die Hose eines Postboten gezwackt hat, um einen »Stofftest zu machen«, da der Briefträger den Hund am Eingang zum Briefkasten beiseite geschupst hat, um an den Briefkasten zu kommen, sollten wir stets gütlich und außergerichtlich zu regeln versuchen! Selbst dann, wenn in beiden Fällen ein Mitverschulden der Geschädigten vorliegt. Eine Anzeige, das Einschreiten von Ordnungsbehörden, ein Gerichtsverfahren, dies alles birgt unschätzbare Risiken für Hund und Halter, neben dem Nerven- und Zeitaufwand!

7.8 Nachgefragt: Kommunikation bedeutet auch Nachfragen!

Rhetorik für Hundehalter beinhaltet unter anderem, sich bereits im Vorfeld notwendige Informationen zu beschaffen. Somit geht es auch darum, die für uns jeweils wichtigen Fragen zu klären und auch zu stellen, sei es in der Hundeschule, beim Tierarzt oder in der Tierpension, sei es als Information oder als Entscheidungshilfe. »Nachfragen« sollte für uns zur Selbstverständlichkeit werden. Und sollten wir dann keine angemessenen Antworten erhalten oder sogar mit unserem Anliegen »abgewiegelt« werden, gibt es nur eine Empfehlung: »Weitergehen und Weitersuchen!« Bereiten wir uns also gut vor, was wir genau wissen und nachfragen wollen. Wir können anderen damit auf den Zahn fühlen, damit wir nicht später unliebsame Überraschungen erleben ... und bevor etwa auch Nachteile für unsere Hunde entstehen!

»Weitergehen und Weitersuchen!«

8. Dressierte Hunde oder gelehrige Hunde?

8.1 Grundsätzliche Fragen zum Thema Dressur

Die erste und ganz entscheidende Frage scheint zu sein: Weshalb richten Menschen überhaupt andere Lebewesen ab? Evolutionsbiologisch betrachtet, ist dies nicht vorgesehen. Erziehung und Ausbildung des Nachwuchses beispielsweise bei Wölfen, Hunden oder anderen Säugetieren dient ausschließlich dem Überleben der Welpen beziehungsweise der Jungtiere. Kein anderes Tier, keine andere Art, außer dem Homo sapiens, also uns Menschen, verspürt das Bedürfnis, andere Arten »abzurichten« oder andere der gleichen Art, in diesem Fall dann uns Menschen, gefügig zu machen.

Der Themenkomplex »Dressur« und »dressierte Hunde« wirft allerdings noch eine Reihe weiterer Fragen auf:

Was ist überhaupt »Dressur« und wo liegen die Unterschiede zwischen Hundeausbildung und einer Hundedressur?
Handelt es sich hierbei um eine »Notwendigkeit« – oder eher um eine Form der menschlichen Machtausübung?
Wo wechselt eine sinnvolle Beschäftigung und Ausbildung von Hunden in eine »Zur-Schaustellung« der Tiere über?
Wo liegen die Grenzen, bei denen der Spaß aufhört, zumindest für den Hund?

Im ersten Teil werden folgende Themen diskutiert:
1. Was ist unter Dressur zu verstehen und wofür brauchen wir diese?
2. Dressur als Notwendigkeit oder als menschliches Machtinstrument?
3. Wie lernen Hunde? Selbständiges Lernen/Lernfähigkeit von Hunden gegenüber der klassischen Konditionierung?
4. Ausbildung und Dressur von Hunden auf dem Prüfstand.

8.2 Dressur: Definition und Zielsetzung

Unter einer Dressur als ausbildungsspezifischem Terminus ist zunächst ein »Abrichten« und »Gefügigmachen« von Nutztieren zu verstehen. Es geht dabei um Nutztiere aller Art, um Haus- und Heimtiere oder auch um Zoo- und Zirkustiere, wie Tanzbären, Elefanten oder Löwen, die über Dressur später öffentlich die Ergebnisse einer »Abrichtung« vorführen sollen (s. Beruf des Dompteurs).

Die Dressur oder das Abrichten hat die Zielsetzung, Tieren bestimmte Handlungen bzw. Fertigkeiten beizubringen. Diese müssen keinesfalls zwangsläufig einem artgerechten Verhaltensrepertoire des Tieres entsprechen! Dressurelemente können durchaus auch tierschutzrelevant oder aber auch Teil einer sinnvollen Ausbildung sein. Beispielsweise, wenn einem Hund beigebracht wird, vor dem Überqueren der Straße anzuhalten und zu schauen, ob vielleicht Fahrzeuge nahen oder ob die Straße frei ist. Ganz erheblich ist es auch, wie einem Tier etwas beigebracht wird. Deshalb werden hierzu in diesem Kapitel Lerntheorien, Methoden oder auch Instrumente zum »Abrichten« thematisiert.

Artgerechtes Verhaltensrepertoire

8.3 Dressur – nicht nur ein Fall für Verhaltens-biologen

Längst beschäftigen sich auch Soziologen mit dem Themenkomplex »Dressur«. Aber auch Psychologen, wie könnte es anders sein, beschäftigt die Abrichtung und das Bedürfnis zur Abrichtung von anderen Lebewesen. Inzwischen wurde sogar versucht, die Abrichtung gegenüber der Tierwelt wissenschaftlich auch auf mögliche Parallelen bei menschlichen Strukturen zu hinterfragen. Gleichwohl wird »Dressur« im Zusammenhang mit gesellschaftlichen Lebensformen und Lebensgemeinschaften, wie Familie oder Betriebsstruktur, nach wie vor tabuisiert. Wohl jeder ahnt oder weiß es. Auch bei zwischenmenschlichen Beziehungen können gewaltsame Formen und Instrumente des Gefügigmachens existieren.

Die Zeit für diese soziokulturellen Themen und Fragestellungen war bereits vor mehr als 40 Jahren reif, als die Ärztin und Soziologin Esther Vilar (*1935 in Buenos Aires) im Jahre 1971 ihr Buch »Der dressierte Mann« auf den Markt brachte, was zum Erfolg wurde.

Im »Dressierten Mann« dreht Esther Vilar den Emanzipations-Spieß um. Herrin im Hause ist nunmehr die Frau, während der Mann zum Erfüllungsgehilfen und Opfer ihrer subtilen Tricks wird. Auch um für sie als Sklave das Geld zu verdienen und ihr einen angenehmen Lebensstandard zu ermöglichen. Allerdings – dies um den Preis der sexuellen Verfügbarkeit. Das provozierend wie auch charmant analysierende Buch verdeutlicht Abhängigkeiten und »Dressur« unter den Geschlechtern.

Die menschliche Spezies verfügt ganz offensichtlich über ausgeprägte Bedürfnisse und Tendenzen zum Dressieren und andere gefügig machen. Mit anderen Worten: Andere, ob Mensch oder Tier, sollen funktionieren im Sinne einer gewünschten und vorsätzlichen Manipulation!

Facetten- und einfallsreich, psychologisch-subtil oder sogar mit harter Hand oder mit Waffen hat der Mensch Fähigkeiten entwickelt, über andere zu herrschen, sei es nun über seinesgleichen oder seien es Tiere. Wie aber gestalten sich diese Mechanismen? In jedem Fall äußert sich dieses Phänomen vielseitig, vielschichtig, meist auch sehr subtil. Zwischenmenschlich analysiert, schaffen Menschen Strukturen, von denen andere glauben, sie zum Überleben zu brauchen, wie z. B. Arbeitsplatz, Wohnung oder Grundversorgung. Oder soziale Abhängigkeiten, wie Prestige, Anerkennung, Prämien, Statussymbole oder sexuelle Abhängigkeiten. Die entsprechenden Strukturen werden über Erziehung und Bildung, Dogmen, Ideologien, Religionen, aber auch über Gewalt und Drohung oder auch über Krieg durchgesetzt.

Ob Hunde und Tiere überhaupt darauf angewiesen sind, von Menschen dressiert zu werden, ist mehr als fraglich. Auch wenn in der urbanisierten Welt Hunde und andere Tiere sicherlich vor den Gefahren der Zivilisation, wie Eisenbahn- oder Autoverkehr geschützt werden müssen oder Tiere in Abhängigkeiten leben, wo ihre Eigenversorgung mit Futter fast kaum noch möglich ist.

Um der Frage weiter nachzugehen, ob eine »Dressur« Berechtigung besitzt, insbesondere auch bei Hunden, ist die Frage zu klären: Wie lernen Hunde eigenständig?

8.4 Hunde lernen auch ohne menschliche Interventionen und Drill

Hunde lernen auch ohne Zutun und Intervention des Menschen: Zum einen im Prägungslernen im eigenen Rudel, insbesondere das facettenreiche und filigran abgestufte Ausdrucksverhalten. Sie lernen als Lebensschule weiterhin von adulten oder ranghöheren Tieren einen eingeforderten Abstand einzuhalten und sie lernen, gesetzte Grenzen

zu respektieren. Das sind Lernprogramme, mit denen Menschen sich oft außerordentlich schwer tut. Dies führt zwangsläufig permanent zu Konflikten, Streit und Krieg unter Menschen. Und auch gegenüber Hunden führen menschliche Grenzunterschreitungen nicht selten zu Beißvorfällen. Allein hierbei sollte es schon ganz klar umgekehrt sein: Wir Menschen sollten von unseren Hunden Grenzsetzung und Respekt lernen, was es bedeutet, dass das menschliche »Dressurprogramm« schon allein hier versagen muss, wenn es gegen den Willen oder die Natur, sprich Grundbefindlichkeit und Grundbedürfnisse, des Hundes verstößt. Fest steht auch: Hunde und Wölfe sind eindeutig besser sozialisiert als Primaten.

Hunde lernen aber ebenso durch Imitieren oder durch Versuch und Irrtum, also experimentell und durch Exploration, also Erkunden. Hervorzuheben ist, dass Hunde nur für sie Sinnvolles imitieren. Auch Vorerfahrungen beim Lernen werden außerdem beständig ins weitere Lernprogramm eines Hundes durch Verknüpfung eingearbeitet.

8.5 Menschliche Lehrmethoden im Umgang mit Hunden

Vornehmlich bringen Menschen Säugetieren etwas bei, indem sie diese konditionieren oder dressieren. Dabei finden folgende Methoden Anwendung.

1. Die Klassische Konditionierung

Diese beruht auf einer behaviouristischen Lerntheorie und wurde von dem russischen Physiologen und Militärmediziner Iwan Petrowitsch Pawlow begründet, bekannt auch als »Der Mann mit der Glocke«. Die klassische Konditionierung beruht darauf, dass einem natürlichen, meist angeborenen Reflex über Lernen ein neuer, bedingter Reflex hinzugefügt wird. Das Beispiel ist bekannt: Einem Hund wurde immer dann Futter gebracht, wenn eine Glocke ertönte. Nach kurzer Zeit entwickelte der Hund allein beim Ertönen der Glocke einen Speichelfluss, ohne dass ihm dazu Futter gebracht wurde.

Techniken der klassischen Konditionierung können aber auch bei Hunden und anderen Säugetieren dazu eingesetzt werden, um Ängste, Zwangshandlungen oder angstähnliche Symptome zu therapieren. Dazu gehören Techniken, wie z. B. die Gegenkonditionierung, die Aversionstherapie oder die systematische Desensibilisierung.

2. Operante oder instrumentelle Konditionierung

Bei der operanten Konditionierung geht man von einem beliebigen, spontan oder zufällig gezeigten natürlichen Verhalten eines Säugetieres aus: Dabei besteht die instrumentelle oder operante Konditionierung darin, dass ein gezeigtes Verhalten des Tieres verstärkt wird. Dies gelingt dadurch, indem eine positive Verstärkung durch Streicheln, Lob oder Futter unmittelbar zum gezeigten Verhalten des Tieres erfolgt. Unerwünschtes Verhalten, dies wird allein nach individuellen, menschlichen Maßstäben definiert, kann auch abgeschwächt werden, indem man das Verhalten sanktioniert oder eine Belohnung ausbleibt.

3. Extinction (Löschung)

Vorab eine Erläuterung: Dem Prinzip der Extinction liegt folgendes Prinzip zugrunde: Wenn ein bedingter Reiz (CS = Conditioned stimulus) mehrfach wiederholt wird, und zwar ohne nachfolgenden unbedingten Reiz (US = unconditioned stimulus), so schwächt sich die Reaktion (CR = Conditioned Response) zunehmend ab und bleibt schließlich ganz aus. Der bedingte Reiz (CS) verliert seinen Signalcharakter zunehmend. Dies wird als Extinction (Löschung) bezeichnet. Tritt jedoch ein Erlebnis oder ein Vorgang mit dem bedingten Reiz (CS) zu einem späteren Zeitpunkt abermals auf, so zeigt sich erneut eine abgeschwächte bedingte Reaktion, allerdings mit geringerer Intensität als vor der Extinction. Ob eine Extinction überhaupt erfolgreich sein kann, ist wissenschaftlich höchst umstritten. Auch nach Pawlows Theorie kann ein einmal gelernter Reflex unmöglich komplett gelöscht werden kann.

Neuronal erklärt sich dies wie folgt: Ein Reiz gelangt bei einem Säugetier – ob Mensch oder Hund – über das Limbische System zur Großhirnrinde und erfährt dort eine Bewertung. Gleichzeitig erfolgt ebenfalls eine neuronale Verschaltung mit relevanten Vorerfahrungen. Dies lässt sich inzwischen gut über Gehirn-Scans nachweisen. Sogar noch nach einer erfolgten Desensibilisierungstherapie, wie z. B. zur Behandlung einer Spinnenphobie eingesetzt, zeigen Gehirn-Scans nach der Behandlung zwar weiterhin angeschwächte Reaktionen an, die aber deutlich schwächer ausfallen als vor der Desensibilisierung.

Da es über Dressuren von Tieren zu tief greifenden Reaktionen und Veränderungen bei deren Motivationslage und Emotionen kommen kann, auch mit entsprechend irreversiblen Folgeschäden, ist die Verantwortung, die wir als Menschen haben, immer im Fokus zu behalten. Dies gilt insbesondere auch für jegliche Formen der Hundeausbildung.

8.6 Gewaltsame Dressur und Ausbildungsmethoden bei Hunden

8.6.1 TELETAKTGERÄTE UND STROMHALSBÄNDER

Zu den gewaltvollsten Foltermethoden, die angewendet werden, um Hunde »gefügig« zu machen, gehören insbesondere die Teletaktgeräte (Elektro-Schock-Geräte) oder die unter dem Begriff »Stromfolter« geführten »Dressurinstrumente« *(nachzulesen in »Diensthunde, ihre Abrichtung und Haltung«, Haberhauffe/Albrecht, 1984).* Weshalb hat der Einsatz von Teletaktgeräten solche verheerenden Auswirkungen? Die Auswirkungen sind überhaupt nicht abschätzbar, da jeder Hund eine andere Konstitution und Physis besitzt. Angefangen bei der Fellfeuchtigkeit, die bei der Weiterleitung des Stroms unvorhersehbare individuelle physikalische Folgen hat, je nach Gesundheitszustand und Alter des Tieres sowie der psychologischen Gesamtverfassung. Nicht nur schwerwiegende irreversible Verhaltensstörungen und Vertrauensverlust zum Halter können die gravierenden Folgen sein, sondern es kann auch zu organischen Auswirkungen, wie Herzrhythmus-Störungen, Epilepsie-Anfällen oder einer dauerhaft verdreht bleibenden Stellung der Augen kommen. Nicht umsonst hat in Deutschland der Bundesgerichtshof in einem BGH-Urteil die Anwendung von Teletaktgeräten mit bis zu 25.000 Euro unter Strafe gestellt; im Wiederholungsfall kann sogar eine Gefängnisstrafe von bis zu drei Jahren verhängt werden. Selbst dieses hohe Strafmaß ist leider keine grundsätzliche Abschreckung, denn es werden immer noch Teletaktgeräte auch in Hundeschulen an Halter verliehen und auch in Institutionen angewendet, die eigentlich dem Gesetz in besonderer Weise verbunden sein müssten!

Strafrechtliche Relevanz: Stromfolter!

Fazit ...

Wer seinen »Hunde-Partner« liebt und sich dem Tierschutz verpflichtet fühlt, setzt Tiere nicht unter Strom, sondern schaut, dass es seinem Tier gut geht; dies unabhängig von der juristischen Brisanz.

8.6.2 MARTYRIUM DER HUNDE AN DER EHEMALIGEN OSTDEUTSCHEN GRENZE

Ein unvorstellbares »Hunde-Martyrium« stellten im »Kalten Krieg« an den Ost-Westgrenzen vor 1990 noch die Stachel- und Stromhalsbänder dar. Diese wurden von Ostblockstaaten bei Hunden im Grenzgebiet eingesetzt. Ebenso wurde mit Strommatten und Stromstäben, sowie mit messerscharfen Ketten- und Korallenhalsbändern gearbeitet, um Hunde gefährlich und scharf zu machen. Dies alles ist nachzulesen in dem damaligen DDR-Standardwerk »Diensthunde, ihre Abrichtung und Haltung«. Das Fachbuch wurde allerdings nach der Wende, also nach 1990, von den Autoren sehr stark überarbeitet. Die Originalfassung ist nur noch über Bücherantiquariate zu beschaffen.

Es braucht nicht erwähnt zu werden, dass die damaligen »Grenz-Hunde« fast ausschließlich handelte es sich um Schäferhunde, nach der Deutsch-deutschen-Wiedervereinigung keine »Sozialverträglichkeit« mehr erlangen konnten. Nur in besonderen Ausnahmefällen, wenn die Hunde erst sehr kurz diesen Grenzdienst geleistet hatten, brachten professionelle Resozialisierungsmaßnahmen Erfolg. Das allerdings setzte voraus, dass die Hunde mit sehr viel Geduld, Einfühlungsvermögen und Fachkenntnis langsam wieder Vertrauen zu irgendeinem Menschen aufbauen konnten. In den allermeisten Fällen gelang dies aber nicht.

Damalige DDR-Grenzhunde

Stachelhalsband, Stachelwürger und Kettenwürger

Weitere »Dressur- bzw. Folterinstrumente« waren: Das Stachelhalsband – meist aus Metall – mit innenseitigen Metallstacheln, die unterschiedlich lang und spitz konstruiert waren. Insbesondere auf Leinenzug stachen sie in den Hals des Hundes und fügten ihm, je nach Einstellung, nicht nur große Schmerzen über die Stacheln zu, sondern sie würgten ihn auch noch.

Strangulationsinstrumente: Lederwürger und Kettenwürger

All diese Arten von »Dressur-« und »Erziehungshilfen« sind in höchstem Maße tierschutzrelevant. Stellen wir uns nur einmal vor, wir selbst als Menschen würden mit solchen Utensilien am Hals ausgestattet durch die Stadt geführt und bei jeder Richtungsänderung würden die Stachelhalsbänder und Würger sich in unsere Hälse eingraben.

Korallenhalsbänder

Eine Steigerung bei den Halswürgern stellten zu DDR-Zeiten noch die Korallenhalsbänder dar. Insbesondere Wachhunde an der Deutsch-deutschen-Grenze, wie ausgeführt meist Schäferhunde, mussten diese im Grenzeinsatz tragen. Jeder, der sich in einem Korallenriff beim Schnorcheln oder Tauchen einmal an Korallenstöcken verletzt hat, weiß, wie scharf diese Korallen sind und wie schmerzhaft das ist. Die Vorstellung, solch' ein Korallenhalsband am Hals tragen zu müssen und dann noch viel stärkere Schmerzen über Leinenruck zu erfahren, lässt nur erahnen, welche Höllenqualen diese Hunde ertragen mussten!

8.7 Hundeausbildung nach aktuellen Fachstandards: Weg von der Dressur!

Inzwischen hat sich bei der Hundeausbildung viel geändert – und auch bei guten Polizeihundeausbildern gilt längst: »Motivation vor Zwang!« Und viele haben erkannt, dass Hunde hervorragende Schüler sind, voller Lernfreude und mit hoher Lernfähigkeit!

Und: Ein Schüler kann nur so gut sein, wie sein Lehrer!

8.7.1 HUNDE LEISTEN NICHT NUR ALS SOZIALPARTNER UNGEWÖHNLICHES!

So sind Hunde als Lawinenhunde, Blindenhunde, als Dual-Purpurse-Hunde (Hunde, die bei mehrfach behinderten Menschen im Einsatz sind) äußerst erfolgreich. Oder sie arbeiten als Sprengstoff- und als Leichensuchhunde, als Drogenspürhunde oder im Man-Trailing-Spür-

Spezialhunde verfahren, also bei der Vermisstensuche. Als Spezialhund ausgebildet können Hunde beispielsweise 30 bis 40 verschiedene Rauschgift- oder Sprengstoffarten unterscheiden. Und Hunde können auch Brandbeschleuniger orten und erkennen. Oder sie suchen nach Terroranschlägen in brennenden Trümmern nach Menschen und finden diese auch.

Vor dem Hintergrund dieser ungewöhnlichen Fähigkeiten und Intelligenz von Hunden mutet es fast als schwere Beleidigung an, Hunde dressieren zu wollen!

Denn Hunde verfügen selbst über eine hohe Lernfähigkeit und auch Lernfreude. Hierfür bedarf es definitiv keiner Dressur von Menschenseite, da Hunde gerne freiwillig lernen. Am besten mit einem qualifizierten Kooperationspartner auf zwei Beinen.

Bei der Ausbildung werden deshalb zunehmend auch die natürlichen Verhaltensweisen von Hunden genutzt, wie z. B. Spiel- und Beutetrieb: Sofern diese belastbar sind, werden sie auch in die Ausbildung bei Polizeihunden integriert.

Dies ist für die Hundeausbildung von Spezialhunden längst abgesichertes Basiswissen. Zudem wird zunächst geschaut, welche Person sich zum Polizei-Hundeführer oder als -Hundeführerin eignet. Und: Welcher Hund passt zu welchem Menschen? Anschließend gilt es zunächst einmal, ein Mensch-Hund-Team zu werden. Ferner ist hervorzuheben: Diensthunde sind selbstverständlich (fast ausnahmslos) Familienmitglieder. Beziehung und Vertrauen sind die Grundvoraussetzung dafür, dass sich der Hundeführer später im Einsatz blind auf seinen Hund verlassen kann. So wird dem Hund außerhalb des Dienstes als Familienmitglied auch viel Zeit gewidmet: Täglich wird allein für seine Pflege und Fütterung eine ganze Stunde investiert. In Deutschland sind Polizeihunde übrigens auch auf Lebenszeit pensionsberechtigt, wenn sie ihren Dienst später nicht mehr verrichten können.

Mensch-Hund-Team

8.7.2 Wie verläuft nun die Ausbildung zu einem »Hundeoffizier«?

Die Ausbildung eines Hundes beginnt, wenn der Hund ein Jahr alt ist. In der ersten Phase, die etwa 12 bis 16 Wochen dauert, erfolgt die Ausbildung zum Schutzhund. Daran schließt sich etwa für ein halbes Jahr die Spezialausbildung an: Diese Ausbildung orientiert sich daran, für welches Spezialgebiet der Hund ausgebildet werden soll. Nach etwa einem Dreivierteljahr ist der Hund bereits voll ausgebildet. Nach einem weiteren Dreivierteljahr Dienst in der Praxis ist er dann mit zweieinhalb Lebensjahren bereits Vollprofi!

8.8 Dressur und Hundeausbildung – oft ein fließender Übergang

Die begriffliche Klärung von Dressur und Hundeausbildung befindet sich umgangssprachlich in einem fließenden Übergang. Denn neben der Nutzung der natürlichen Ressourcen, wie Belastung von Spiel- und Beutetrieb, kommen auch klassische und operante Konditionierungsmethoden zum Einsatz. Moderne Ausbildung setzt auf Lob, Belohnung, insbesondere auf Nahrungsbelohnung oder auf Streicheleinheiten; dies in Verbindung mit dem gezeigten gewünschtem Verhalten des Hundes. Belohnung erfolgt auch beim Unterlassen von unerwünschtem Verhalten. (Tierschutzrelevant sind hingegen Strafen, wie z. B. Schläge, Isolationshaltung oder sozialer Entzug.)

Lob und Belohnung

Der gesetzte Reiz muss stets für den Hund in Verbindung mit Befehl bzw. Auftrag klar erkennbar sein. Aus Sicht des Menschen wiederum soll der Reiz zu gewünschten oder ungewünschten Verhalten platziert werden. Wenn für ein erfolgreich absolviertes Training Futter verabreicht wird, spricht man von einer »Futterdressur«. Viele »Kunststücke« oder aus menschlicher Sicht »drollige Verhaltensweisen« – nicht nur bei Hunden oder bei Kaninchen, wie die »Männchenpose« sogar an Zwingern- und Käfigrändern, sind über Futterdressur entstanden.

Nicht nur Futterbelohnung!

Nicht zu unterschätzen ist die Fähigkeit höher entwickelter Tiere, wie auch bei Hunden, dass diese durch Versuch und Irrtum lernen, insbesondere auch neue Bewegungsabläufe. Werden diese Bewegungsabläufe positiv verstärkt und ständig wiederholt, können sie später durch den Menschen modifiziert werden. Genau so arbeiten Dompteure, indem sie natürliche und bereits vorhandene Verhaltensweisen der Tiere ausnutzen, verstärken und modifizieren. Grundprinzipien aus der Verhaltensforschung werden genutzt.

Lernen durch Versuch und Irrtum

8.9 Ungewöhnliche Leistungen und Fähigkeiten von Hunden

Die »Driving Dogs« – erste Hunde mit Autoführerschein!

Im Panorama-Teil vom 1. Januar 2013 wartete die Süddeutscher Zeitung mit neuen Informationen zu bisher nicht vermuteten Leistungen von Hunden auf: Dort war zu lesen: »Kann Auto fahren: PORTER« und weiter ist sinngemäß zu lesen: »Der You-Tube-Film der neuseeländischen Tierschutz-Organisation SPCA zeigt einen Mischlingshund auf dem Fahrersitz eines Minis. Auf das Kommando »Go!« – gibt der Hund Gas. Und auf den Befehl: »Gear!« schaltet PORTER – (so der Name des Hundes) den Gang hoch und beim Stichwort »Turn!« kurbelt er mit den Pfoten am Lenkrad. PORTER ist der erste Hund der Welt, der einen Autoführerschein gemacht hat. Zusammen mit seinen Mitschülern MONTY und GINNY trainierte er läppische zwei Monate lang in einer Fahrschule für Vierbeiner, zuerst auf einem umgebauten Leiterwagen, später mit umgebauten Kleinwagen, bei denen sich Gas, Bremse und Schaltung per Pfoten-Druck bedienen lassen.

Das Projekt soll auf die ungeahnten Fähigkeiten von Hunden aufmerksam machen.«

Ist das vielleicht ein Scherz? Nein, tatsächlich: Das Video vom 12.12.2012 mit dem Titel : »Meet Porter! The »worlds first – driving – dog« ist auch unter der Tierschutzorganisation SPCA Neuseeland im Internet abrufbar. Hier ist klar zu erkennen, wie Porter, der ordnungsgemäß angeschnallt ist, auf einer freien Automobil-Rennstrecke und auf Geheiß seiner Trainerin das Fahrzeug zu bedienen vermag. Die Trainerin steht zunächst vor dem Fahrzeug und gibt die Kommandos an PORTER. Sobald er dann losfährt, bewegt sich die Trainerin rückwärts und gibt weitere Befehle. Im Video werden PORTERS Fahrkünste eindeutig gezeigt, auch wie er das Lenkrad zu bedienen vermag und somit auch in der Lage ist, Kurven zu fahren!

Auch seine beiden Mitschüler MONTY und GINNY sind im Video beim »Trocken-Fahrtraining« zu sehen. Die drei »Neuseeländer« Ginny, Monty und Porter mit Wohnsitz in Auckland, sind ausgebildete Rettungshunde. Vor allem sind sie nun als erste »autofahrende Hunde« der Welt in die Geschichtsbücher eingegangen! Und als jene Hunde, die einen Autofüh-rerschein erfolgreich absolviert haben!

Wie aber war das überhaupt möglich? Unter Anleitung des neuseelän-dischen Tier-Trainers Mark Vette wurden die drei Hunde, die über eine sehr hohe Aufmerksamkeit verfügen sollen, mit verschiedenen nachge-bauten Modellen langsam an die Fahrpraxis herangeführt. Anschließend ging es dann ans Fahrtraining mit einem richtigen Auto! (Vergleiche Kapi-tel 2.2, Seite 22 ff)

http://adland.tv/commercials/spca-meet-porter-worlds-first-driving-dog-2012-148-new-zealand

8.10 Ausbildung und Dressur: Wo der Spaß aufhört!

Kritisch sind Dressuren zu beanstanden, wenn sie gegen die natürlichen Bedürfnisse des Tieres verstoßen, womöglich noch unter Zwang erreicht wurden. Und vor allem, wenn sie die Persönlichkeit des Tieres – res-pektive eines Hundes – brechen! Oder wenn Tiere für »Clown-Auftritte« missbraucht werden, weil Menschen etwas zum Lachen brauchen. Was soll das für eine Mensch-Hund-Beziehung sein, wo Hunde etwa mit Hüt-chen und Krawatte durch brennende Reifen springen? Ganz etwas ande-res ist es, wenn Hunde mit Freude apportieren, eissurfen, einen Agility-Parcours absolvieren und dabei zunehmend ihre Fähigkeiten einsetzen. All dies selbstverständlich unter den entsprechenden gesundheitlichen Voraussetzungen.

8.11 Beispiele für Dressur auf dem Prüfstand

Menschliche Vorstellungen darüber, was Hunde alles lernen und wozu sie »abgerichtet« werden sollen, klaffen doch recht weit auseinander. So bestehen etwa »Welten« bei den entwickelten Fähigkeiten von Hunden. Und gleichzeitig sind diese Fähigkeiten äußerst facettenreich. Als Beispiele seinen genannt: Gegenstände apportieren oder diese zusätzlich nach Begriffen unterscheiden zu können. Oder eine Fluglinie bei Frisbee-Scheiben richtig abzuschätzen, um dann die Scheiben präzise fangen zu können. Das alles – und viele andere Aufgaben mehr – meistern Hunde mit Begeisterung. Aber, auch wenn das so spielerisch aussieht, so erfordert es doch zuvor ausdauernde Teamarbeit von Hund und Halter.

»Zur-Schau-Stellen«

Leider gibt es auch ganz andere und äußerst fragwürdige Darbietungen und Dressurvorstellungen, die Hunden beigebracht werden: Insbesondere dann, wenn sich Hundehalter über ein »Zur-Schau-Stellen« ihres Hundes vor allem selbst profilieren wollen. Nach dem Prinzip: »Was habe ich für einen großartigen Hund?« Oder: »Bin ich selbst nicht toll?« Die Methodik, wie Hunde diese Kunststücke dann faktisch erlernen, bleibt in den Beschreibungen mancher sogenannter »Fachbücher« oft sehr vage und aus verhaltensbiologischer Sicht kaum oder gar nicht nachvollziehbar. Oft sind es eher »Taschenspielertricks« des Menschen, die fragwürdigste Ergebnisse hervorbringen sollen: Wie beispielsweise die Empfehlung, bei einem Schachspiel als Hundehalter einen Hustenanfall vorzutäuschen, derart, dass der Schachpartner den Blick vom Schachbrett abwendet und der Hund zwischenzeitlich den Turm stibitzen kann – wie genau, bleibt leider ungeklärt. Oder ein anderes Beispiel: Ein Hundehalter schmiert sich seine Wange oder Handoberfläche mit Butter oder Leberwurst ein. Darauf »lernt« der Hund über das »Leberwurst-Abschlecken« mit den Begriffen »Küsschen geben« oder »Gib Kuss« dies auch für spätere öffentliche Auftritte. Es ist schon erstaunlich, wie dem Publikum oder Leser oft purer Kitsch als sogenannte »Dog tricks« angedreht werden.

8.12 Braver Hund oder kranker Hund?

Depressionen und Angststörungen

Auch Hunde können im Kontext mit ihrem Umfeld und Lebensbedingungen resignieren, an Depressionen oder Angststörungen erkranken. In diese Zusammenhänge sind auch Verhaltensveränderungen bis hin zu manifesten Verhaltensstörungen, Rückzugstendenzen oder Apathie zu stellen. Eine Sonderform der Depression stellt ferner die »Erlernte Hilflosigkeit« dar. In diesem Zustand hat ein Hund oder anderes Tier die Fähigkeit verloren, sich den Situations- und Umgebungsveränderungen anzupassen, sodass sich ein akuter oder chronischer Depressionszustand einstellt. Dieser kann sich an Desinteresse an den üblichen Aktivitäten, an Antriebslosigkeit oder an einem überdurchschnittlichen Quantum an Schlaf bemerkbar machen. Hintergründe können z. B. auch der Tod einer Bezugsperson, die Aussetzung des Hundes auf der Straße oder ein Trauma sein, wie z. B. durch einen Verkehrsunfall ausgelöst.

Zahlreiche unter dem Deckmantel von Wissenschaft durchgeführte »Greuel-Experimente« im letzten Jahrhundert, wie die von Martin Seligmann oder von Iwan Pawlow, der sogar noch zum Nobelpreisträger gekürt wurde, übersteigen jede Vorstellungskraft: Um Angststörungen und Neurosen bei Hunden hervorzurufen bzw. zu induzieren, wurden vornehmlich isoliert gehaltenen Hunden hohe Dosen Elektroschocks an Stahlgittertüren von Käfigen verabreicht. Wollten die Hunde die Stahlgittertüren dann öffnen, wurden diese unter Strom gesetzt.

Für diese Experimente wurden insbesondere Hunde ausgewählt, die zuvor in Isolationshaft gehalten worden waren und jene Tiere, die ohnehin die niedrigste Stress- und Schock-Resistenz zeigten. Das Ergebnis war, dass nach kürzester Zeit kein Hund mehr versuchte zu fliehen, obwohl die Stahltüren zu öffnen waren und auch nicht mehr unter Strom standen. Das war der Sinn der Experimente: Die Hunde sollten es aufgeben, selbständig nach Fluchtmöglichkeiten zu suchen. Sie lernten dazu, dass Elektroschocks für sie nicht kontrollierbar waren.

Grausame Experimente

Das unverantwortliche Experiment »Erlernte Hilflosigkeit« war vollbracht!

Kehren wir zurück zum Thema Dressur bei Tieren, bei Hunden, dann stellt sich sogleich die Frage: »Unter Einsatz welcher »Methoden, Instrumente und Maßnahmen« wurden die Dressur-Ergebnisse bzw. die Fähigkeit des betreffenden Tieres erzielt?

Nicht nur das Beispiel der Hundeausbildung zu DDR-Zeiten zeigt, wie weit Menschen bereit sind zu gehen, indem sie Kreaturen misshandeln und foltern, um sie funktionstüchtig zu machen. Im Ergebnis zeigten die Grenzhunde, nachdem sie nicht mehr im Einsatz waren, fast alle eine nicht mehr kontrollierbare Offensiv-Aggression. Die Hunde zeigten nach Experimenten von Pawlow und Seligmann eine Depression, wie auch als Sonderform eine »Erlernte Hilflosigkeit«. Die Depressions-Forschung richtet ihr Interesse deshalb stark auf funktionelle Zusammenhänge.

»Erlernte Hilflosigkeit«

Heute gilt es als abgesichert, dass psychologische Einflüsse zu permanenten Veränderungen der Neurophysiobiologie eines Individuums führen. Dabei werden über die Sonderform der »Erlernte Hilflosigkeit« fast sämtliche Depressionsmodelle reproduziert! Eine (chronische) Depression kann z. B. aber auch aufgrund von Dysfunktionen der Schilddrüse oder der Nebennieren auftreten – oder bei Gehirntumoren.

Das führt sogleich zu der Frage: Wie vielen Hunden in unserer Gesellschaft werden Psychopharmaka, wie z. B. etwa Barbiturate, Valium oder Neurotransmitter, wie Clomicalm, neben Beta-Rezeptoren-Blockern – aus welchen Gründen auch immer – verabreicht? Das ist alarmierend! Denn nicht nur bei Kindern steigt der Ritalin-Verbrauch in alarmierender Weise. Jeder Fall liegt selbstverständlich anders. Allerdings eines ist unstrittig: Verhaltensproblematiken bei Hunden sind stets im Kontext mit Zucht, Aufzucht, Haltungs- und Lebensbedingungen der Tiere zu sehen.

Wir haben die Verantwortung und müssen uns immer wieder zu fragen: Was dürfen und was können wir unserem Hund in welcher Lebenssituation und Lebensphase zumuten?

Das gilt ganz besonders auch für die Art der Beschäftigung von unseren Hunden und ganz besonders aber für ihre Ausbildung.

Für mich steht fest: Ich brauche keinen Hund, der etwas vorführen kann, was seiner Natur zuwider läuft und was ihm schadet. Und nicht zu vergessen: Hunde besitzen nicht nur Persönlichkeit, sondern sie haben auch Würde, die es unbedingt zu respektieren gilt!

Meinem Hund soll es gut gehen mit mir im Mensch-Hund-Team. Dabei wird er gefördert und gefordert, wie es seiner Veranlagung und Individualität entspricht – und so, wie es seine aktuelle Verfassung empfiehlt.

Zielsetzung: Glückliches Mensch-Hund-Team!

Unserer Kreativität als Hundehalter tut das keinen Abbruch, im Gegenteil: Denn haben unsere Hunde diverse Aufgaben oder Spiele erst einmal durchschaut, wäre doch etwas Neues recht angebracht, zumindest aus Sicht der Hunde. Und ob unser Hund nun Wasser- oder Eissurfen liebt, Futtersuchspiele, ob er gerne apportiert oder den Agility-Parcours besucht: Er wird es uns mitteilen!

9. Grundlegender Wandel in der Hundeausbildung

Ein historisches Beispiel für einen grundlegenden Wandel bei der Hundeausbildung dokumentiert auch die Arbeit von Volker Brandt, Leiter des Diensthundewesens der Thüringer Polizei. Offen spricht er im Interview über grundlegende Veränderungen bei der Einstellung und Arbeit mit Diensthunden bei der Polizei. Er berichtet ausführlich über seinen Weg und Werdegang als Diensthundeführer, angefangen mit den gewaltsamen Methoden bei der damaligen Volkspolizei der DDR bis hin zu seiner Tätigkeit als Leiter des Diensthundewesens der Thüringer Polizei, mit vollständiger Abkehr von jeglicher Gewalt bei der Hundeausbildung! Im Jahre 2007 erhält Volker Brandt Thüringens Tierschutzpreis.

Nach einer langen erfahrungsreichen Wegstrecke bei der Hundeausbildung, die einst mit Methoden von Gewalt und Zwang zu DDR-Zeiten begann und die mit der vollständigen Abkehr jeglicher Gewalt an Hunden eine komplette Kehrtwendung erfuhr, erhielt Polizeihauptkommissar Volker Brandt am 1. Oktober 2007 den Tierschutzpreis des Freistaates Thüringen. Damit wurde eine Persönlichkeit aus dem Bereich Polizei- und Gebrauchshundeausbildung geehrt, die Wende und Wandel in der Hundeausbildung hautnah seit DDR-Zeiten bis heute miterlebt hat und nunmehr beispielhaft für Beziehung, Vertrauen und gegenseitigen Respekt zwischen Hund und Hundeführer – dies bei höchstem Ausbildungsniveau – steht. Volker Brandt erhielt diesen Preis insbesondere auch für seine ehrenamtliche Tätigkeit als 1. Vorsitzender des Polizeihundesportverbandes Erfurt e.V.

Interview ...

9.1 Im Interview mit dem Thüringer Tierschutzpreisträger Volker Brandt

(Das Interview wurde 2008 geführt. Fragen von Barbara Wardeck-Mohr (im Folgenden mit der Abkürzung »W.-M.«), Antworten von Volker Brandt (im Folgenden mit der Abkürzung »V.B.«)

Herr Brandt, am 1. Oktober 2007 erhielten Sie den Tierschutzpreis 2007 des Freistaates Thüringen für außergewöhnliche Leistungen bei der

Polizei- und Gebrauchshundeausbildung, insbesondere auch für Ihr Engagement hinsichtlich einer artgerechten Ausbildung und Führung von Hunden in allen Lebensbereichen. Dies vor dem Hintergrund von über 30 Jahren Erfahrung mit Hunden.

1. W.-M. Was bedeutet Ihnen dieser Preis?
V.B: Dieser Preis bedeutet mir sehr viel, denn er ist die höchste Auszeichnung, die im Tierschutz im Freistaat Thüringen vergeben wird. Hiermit wird mir eine Anerkennung für langjähriges Engagement zuteil, hinter dem viel Arbeit und Zeit, auch viel praktische Beratung der Bürger im Umgang mit ihren Hunden für den Alltag steckt.

2. W.-M. Die Polizeihunde erbringen außergewöhnliche Leistungen. Was sind hierfür die wichtigsten Voraussetzungen – auch in der Beziehung zum Diensthundeführer?
V.B. Neben physischen und psychischen Voraussetzungen der Hunde ist es unabdingbar, dass der Hundeführer ein ganz besonderes Vertrauensverhältnis zu dem betreffenden Hund entwickelt, der Hund in der privaten Umgebung des Hundeführers mit integriert wird und eine artgerechte und konfliktfreie Ausbildung erfährt. Weiterhin setzen die hohen Anforderungen an die Tiere ein hohes Maß an Stressresistenz, also ein gutes Nervenkostüm, wie auch einen belastbaren Spiel- und Beutetrieb voraus.

3. W.-M. Die Thüringer Polizei hat derzeit etwa 110 »Hunde-Offiziere« in ihren Reihen zum Aufspüren von Sprengstoff, Rauschgift, Brandbeschleunigern, von vemissten Personen oder auch Leichen. Für welche Einsatzgebiete haben Sie in den letzten Jahren Hunde mit ausgebildet?
V.B. In den letzen Jahren habe ich überwiegend Polizeischutzhunde und Hunde für Spezialaufgaben, wie zur Suche von Personen und Vermissten ausgebildet. Diese Hunde sind dann in der Lage, Personen über Tage aufgrund ihres Individualgeruchs nach dem sogenannten »Man-Trailing-Spür-Verfahren« zu verfolgen; vorgegebene Gerüche bleiben dabei etwa 15 bis 30 Minuten in der Nase abgespeichert.

4. W.-M. Ihre ausgebildeten Hunde sind in der Lage, z. B. 30 bis 40 verschiedene Rauschgift- und Sprengstoffarten zu unterscheiden und sind damit wahrhaftige »Olfaktorische Wunder«. Wie lange dauert es üblicherweise, bis ein Hund so weit ausgebildet ist, um seinen Dienst aufnehmen zu können – und was sind dabei die einzelnen Ausbildungsabschnitte?

V.B. Die Ausbildung des Hundes beginnt im Alter von einem Jahr. Zunächst erhält er in der ersten Phase von 12 bis 16 Wochen die Ausbildung zum Schutzhund, darauf folgt die Spezialisierung, sodass er nach einem Dreivierteljahr voll ausgebildet und dann mit etwa zweieinhalb Lebensjahren »Vollprofi« ist. Dies bedeutet auch, dass sich Hundeführer und Diensthund blind aufeinander verlassen können.

5. W.-M. Wie viele Stunden verbringen die Diensthundeführer durchschnittlich mit ihren Hunden?
V.B. Wir legen großen Wert darauf, dass die Diensthunde im familiären Beziehungsgeflecht des Hundeführers rund um die Uhr integriert sind; die Familie ist sozusagen das Ersatzrudel. Allein für Pflege und Fütterung der Tiere wird täglich eine Stunde benötigt.

6. W.-M. Könnten Sie bitte das Arbeitspensum der Hunde kurz skizzieren?
V.B. Durchschnittlich haben die Hunde im Jahr etwa 200 Einsatztage, in der Spitze mit bis zu zwei bis drei Einsätzen am Tag, dazu kommen Spezialeinsätze, um Rauschgift, Sprengstoff oder Tatmittel aufzuspüren. Die Belastungen müssen so dosiert werden, dass den Hunden nicht der Spaß an der Arbeit vergeht; denn Freude, Motivation und Teamgeist mit ihren Hundeführern sind das Geheimnis des gemeinsamen Erfolgs.

7. W.-M. Was waren Ihrer Meinung nach die bedeutendsten Veränderungen bei der Polizeihundeausbildung in den letzten Jahren und Jahrzehnten?
V.B. Zunächst: Weg von der »Klassischen Konditionierung« des Hundes hin zur Lerntheorie bei der Ausbildung nach dem Prinzip »Motivation vor Zwang«. Ausbildungsmethoden wie z. B. mit »Korallenhalsband« wurden abgeschafft. Zweitens wurde nach der Wende die Spezialisierung der Hunde deutlich erweitert, da nun auch Einsätze im Bereich »Rauschgift« oder »Sprengstoff« erforderlich wurden, was zu DDR-Zeiten nicht der Fall war. Drittens kamen mehr weibliche Beamte dazu, was sich meinem Empfinden nach positiv auf das Arbeitsklima ausgewirkt hat. Dennoch sind Frauen bei der Diensthundeführung nach wie vor in der Minderheit.

8. W.-M. Als Zeitzeuge haben Sie auch den Wandel der politischen Systeme miterlebt. Glauben Sie, dass die Wende einen Anteil an einer veränderten Mensch-Hund-Beziehung gehabt hat – oder war der Prozess für eine »partnerschaftliche Mensch-Hund-Beziehung« einfach gereift?

V.B. Nach Ende der DDR-Zeiten hat sich die Einstellung zum Hund sehr geändert: Nun gewann der Hund an Stellenwert, wurde verstärkt zum Partner, war nicht mehr nur »Gebrauchstier«. Auch Aspekte des Tierschutzes rückten verstärkt in den Vordergrund. Hinzu kam die Möglichkeit, sich auch mit internationaler Fachliteratur zu beschäftigen.

9. W.-M. Gab es zu DDR-Zeiten mit anderen Ostblockstaaten einen Austausch oder Veranstaltungen zur Ausbildung von Polizeihunden?
V.B. Neben der Staatsdoktrin und ihren Standardwerken zur Hundeausbildung wie: »Haberhauffe/Albrecht, »Diensthunde, ihre Abrichtung und Haltung«, 1984, gab es Kontakte und Veranstaltungen, die sich an Regeln im Ländervergleich anderer sozialistischer Staaten orientierten. Dazu kamen Kontakte mit sowjetischen Zuchtverbänden und einzelnen Kollegen, auch aus Ungarn oder Tschechien, wobei hier aber die Sprachbarriere hinderlich war. Außerdem orientierte sich die damalige Prüfungsordnung für Schutzhunde mit dem Schwerpunkt »Sicherheit« an internationalen Prüfungsordnungen.

10. W.-M. Nach welchen Kriterien wurden Hunde bei der Volkspolizei der DDR ausgebildet und eingesetzt?
V.B. Hauptzielsetzung war es, den Staat und seine Institutionen zu schützen. So wurden zu DDR-Zeiten Polizeihund und Hundeführer als Sinnbild für Autorität und Sicherheit in hohem Maße respektiert. Ein weniger rühmliches Kapitel war der Einsatz der Schutzhunde zur Sicherung der Grenzen und des Grenzvorlandes zur BRD. Die damaligen Schutzhunde verrichteten dort ihren Dienst etwa sieben Einsatztage lang an einer 50-Meter-Laufleine oder an einer Kette, um sich dann jeweils für drei bis vier Tage in größeren Ausläufen wieder regenerieren zu können.

11. W.-M. Gab es in Ihrem Leben einen Punkt, wo Fragen wie »Unrechtsbewusstsein oder Ethik« bei der Hundeerziehung stärker als zuvor in den Fokus rückten? Und hat das Zusammenleben mit Hunden Sie selbst verändert?
V.B. Die Frage, ob Hundeausbildung nicht eine neue Methodenkompetenz erfahren sollte, auch nach Tierschutzkriterien, hat sich in meinem Leben schon früh gestellt. Die Frage war damals: »Aber wie nur?« Zu ganz entscheidenden Veränderungen kam es dann Ende der 1990-er Jahre, wobei viele Faktoren eine Rolle spielten, insbesondere auch der Einfluss meiner Ehefrau und Erfahrungen in meiner

Familie. Denn auch als Vater machte ich die Erfahrung, dass Liebe, Güte und Konsequenz bei der Erziehung den größten Erfolg bringen. Damit steht für mich auch fest, dass wir in der Verantwortung für unsere Mitgeschöpfe stehen. Denn tief empfundene Tierliebe schließt gänzlich aus, Tiere zu instrumentalisieren oder sie als »Werkzeug« anzusehen. Hunde sind unsere Partner.

12. W.-M. In Ihrer Freizeit sind Sie auch noch im Hundesportverein aktiv, stehen Hundehaltern mit Rat und Tat zur Seite, führen Veranstaltungen für die Öffentlichkeit, z. B. anlässlich der »Erfurter Hundemesse« oder bei »Diensthund für einen Tag« durch. Warum ist Ihnen das so wichtig?
V.B. Weil Aufklärung die beste Prävention ist und ich immer wieder erlebe, mit welch geringen Mitteln ein besseres Zusammenleben zwischen Hund und Halter möglich wird.

13. W.-M. Herr Brandt, von Ihnen stammt folgendes Zitat: »Hunde gehören zu meinem Leben. Der Hund ist ein so faszinierendes Tier, dass man seine Leistungen nicht genug würdigen kann. Die Zuneigung und das Vertrauen, das ein Hund einem entgegenbringt, sind mit nichts im Leben zu vergleichen. Und dieses Vertrauen sollte man niemals enttäuschen.«

Autorin im Dialog
mit Puschkin

Daher: Welche ethischen Forderungen stellen Sie an eine artgerechte und verantwortungsvolle Hundeerziehung, und wo sehen Sie bei der Hundegesetzgebungen noch Handlungsbedarf?

V.B. Die erste Frage lautet für mich: »Was kann ich für den Hund tun? – Und nicht umgekehrt!

Daraus ergibt sich: Ist der betreffende Mensch geeignet, den Anforderungen eines Hundes – insbesondere den Bedürfnissen und individuellen Eigenheiten einer Rasse oder eines Hunde-Individuums gerecht zu werden? Dies muss vor Anschaffung eines Hundes geklärt sein. Die Gesetzgebung hat damit den Auftrag, Sachkunde für Hundehalter als Pflicht einzuführen. Das ist eine weitere Bedingung für eine erfolgreiche Hund-Halter-Beziehung.

Herr Brandt, ich gratuliere Ihnen ganz herzlich zum Tierschutzpreis 2007 des Freistaates Thüringen, einem symbolträchtigen Preis, der damit auch gleichzeitig der Bedeutung von Hunden sowie einer fairen und partnerschaftlichen Mensch-Hund-Beziehung gewidmet wird.

Zur Person: Volker Brandt, Polizeihauptkommissar im Diensthundewesen der Thüringer Polizei, Polizeileistungsrichter seit 2003, seit 1974 Hundesportler, zunächst in der SDG Ilsenburg, 1. Vorsitzender der Abteilung Agility & Hundesport des Polizeihundesportverbandes Erfurt e.V.

10. Werden Sie Ihr eigener Hunde-Coach – mit dem Hund im erfolgreichen Dialog

»Die Beziehung zwischen Mensch und Hund ist einzigartig und mit nichts im Leben zu vergleichen!«

Dieses Zitat stammt von Volker Brandt, dem Leiter des Thüringer Diensthundewesens und Preisträger des Tierschutzpreises des Freistaats Thüringen 2007.

Was aber macht die einzigartige Beziehung zwischen Mensch und Hund aus – im Glücksfall sogar eine Super-Symbiose? Wann funktioniert diese Beziehung zwischen beiden Arten – und warum kann sie auch zum tragischen Desaster – dann meist für den Hund werden?

Wie trainieren und bilden wir eigentlich einen Familienhund als solchen aus?

Und wie erlernen wir selbst als Menschen eine »artübergreifende« Kommunikation mit Hunden – und qualifizieren uns damit für sie als Dialogpartner?

10.1 Sinnesphysiologie: Die einzigartigen Wahrnehmungskanäle der Hunde

Hunde verfügen ebenfalls wie wir über ein Multi-Kommunikationssystem, wobei alle Wahrnehmungskanäle miteinander verknüpft sind. Bekanntlich ist ihr wichtigster Sinn der Geruchssinn, also die Nase. Dabei geht es nicht nur um Geruchsempfindungen, sondern gleichzeitig um machtvolle Gefühlswahrnehmungen. Denn für Hunde ist Fühlen und Riechen untrennbar miteinander verbunden. Ein Hund, der riecht, fühlt! Tatsächlich sind Hunde wahrhaftige »olfaktorische Wunder« und besitzen bis zu 220 Millionen Geruchszellen, wohingegen der Mensch lediglich etwa 5 Millionen Geruchszellen vorzuweisen hat. Eine weitere Fähigkeit wird Hunden von manchen Wissenschaftlern nachgesagt, die aber längst noch nicht wissenschaftlich profunde geklärt werden konnte: Nämlich die

Wissenschaftliche Fragestellungen

angebliche Fähigkeit von Hunden auch im Infrarotbereich wahrnehmen zu können: So sollen sie quasi einen »Infrarot-Detektor« unter der Nase besitzen! *(vergl. Rupert Sheldrake)*

Weitere Sinnesorgane, wie die Augen der Hunde, weisen ebenfalls »Besonderheiten« auf: So erkennen Hunde selbst in der Ferne ausgezeichnet und differenziert Bewegungsmuster. Auch ihr Nacht-Sehen

ist deutlich besser ausgebildet als bei uns Menschen. Hingegen ist ihr räumliches Sehen schwächer. Farben spielen in der Welt der Hunde keine besonders große Rolle. Keinesfalls aber sind Hunde farbenblind. Ihr »Farbteppich« ist nur weniger differenziert, da sie die Farbe Rot nicht absorbieren können und damit auch kein Gelb, Grün und Orange für sie wahrnehmbar ist. Außerdem verfügen Hunde über ein Blickfeld von 150 Grad, das damit deutlich größer als bei uns Menschen ist.

Neuesten Erkenntnissen zufolge, weisen auch Blickfeld und Netzhaut von Hunden je nach deren Schnauzen-Anatomie erhebliche Unterschiede auf: So konnte die Neurologin A. Harman nachweisen, dass viele Hunderassen mit kurzer Schnauze keine horizontalen Streifen mit Stäbchen besitzen und deshalb Lebewesen an der Peripherie schlechter sehen als Hunde mit langen Schnauzen. Dafür können diese Hunde, die nur eine »Area centralis« haben, Nuancen im Nahbereich besser erkennen. Das erklärt auch, weshalb Jagdhunde lange Nasen besitzen.

Über das Hörvermögen von Hunden wurde ebenfalls viel geschrieben und auch spekuliert: Hunde haben ein deutlich besseres Hörvermögen und sind auch in der Lage, sehr viel differenzierter Geräusche wahrzunehmen und zu analysieren: Ein Hund kann z. B. aus einer Ge-

Bei Jagdhunden ist die lange Nase von Vorteil, um Witterung besser aufnehmen zu können.

räuschkulisse einzelne Töne und Geräusche herausfiltern, indem er Teile des Innenohres auf »Lautsprecher stellt« und er kann auch Geräusche etwa 10 Mal stärker orten als Menschen es vermögen. Dazu können Hunde im Ultraschallbereich in Frequenzen zwischen 20 und bis zu bis 60.000 Hertz Töne wahrnehmen! Als weitere Fähigkeiten sind hervorzuheben: Erkennen von seismografischen Veränderungen, also die Fähigkeit, ein Erdbeben wie auch ein Meteoriten-Verglühen vorankündigen zu können. In Anbetracht dieser unglaublichen Wahrnehmungsfähigkeiten von Hunden müssen wir als Menschen unseren Hunden doch recht benachteiligt, um nicht zu sagen »mehrfach schwerstbehindert« erscheinen.

Wohlgemerkt: Mit den Augen der Hunde!

10.2 Das Ausdrucksverhalten – die wesentliche Kommunikationsebene von Hunden

Die wesentliche Kommunikation bei Hunden verläuft über ihre Körpersprache, dem Ausdrucksverhalten, als ihre primäre und visuelle Sprache, neben der nicht zu vernachlässigenden Vokalisation als Sekundärsprache. Beide »Sprachformen« können selbstverständlich simultan eingesetzt werden. Die Kommunikation von Hunden und Wölfen ist äußerst differenziert und wechselt oft in Bruchteilen von Sekunden. Somit ist sie ohne Technik für das menschliche Auge nur sehr partiell wahrnehmbar!

60 Ausdruckszeichen allein im Kopfbereich

Wie bereits ausgeführt hat der Wolf z.B. im Kopfbereich auf 11 Etagen 60 Ausdruckszeichen, die er zu Hunderten von Signaleinheiten – je nach Signalabfolge – in jeweils neue Bedeutungszusammenhänge bringen kann. Noch komplexer wird diese »hundliche« Sprache, das Ausdrucksverhalten, im Zusammenhang mit ihrer ebenfalls hoch differenzierten Vokalisation.

(Vergleiche »Team-Coaching Mensch-Hund – Wege zur erfolgreichen Kommunikation«; Barbara Wardeck-Mohr 2013)

Auch wenn unser Haushunde nicht mehr gänzlich über das Gesamtrepertoire der Wölfe verfügen, so stellt ihre hoch differenzierte »Sprache« doch höchste Ansprüche an uns, sowohl an unsere Beobachtungsfähigkeit wie auch an unser Kommunikationsverstehen!

10.3 Kommunikation im Mensch-Hund-Dialog

Wir müssen die Wahrnehmungswelten der Hunde kennen und verstehen, vor allem ihr filigranes Ausdrucksverhalten als neu zu erlernende Fremdsprache begreifen!

Zudem sollten wir dieses Repertoires der Hunde nicht nur verstehen, sondern es auch selbst – so weit als möglich – über unsere Zeichensprache anwenden. Auch wenn uns hierfür nur sehr eingeschränkt Möglichkeiten zur Verfügung stehen. Dies bedeutet, einen viel stärkeren Kommunikationseinsatz über Körper- und Zeichensprache, wie Gestik, Mimik, als nur über Kommunikation mit unserer Stimme einzusetzen! Hunde begreifen sogar, wenn wir selbst Signale aus ihrem hundlichen Ausdrucksverhalten einsetzen – und reagieren prompt darauf! Aber wie häufig läuft es doch genau umgekehrt? Mit lautem – oft ungehaltenem Stimmeinsatz – wird auf Hunde »eingewirkt«. Oft auch noch widersprüchlich in den Botschaften, wie: »sitz«, »bleib«, »komm«, »ja«, »nein« und zudem zeitlich versetzt! Also zu spät zum gezeigten Verhalten des Hundes. Dies können unsere Hunde überhaupt nicht verstehen. Denn sie haben gelernt, nur eine klare Sprache zu sprechen. Ein oftmals geäußertes menschliches »Wirrwarr« bedeutet aus Sicht der Hunde auch einen massiven Regelverstoß gegen Kommunikationsformen, die sie bereits in ihrer Kinderstube gelernt haben! Zwangsläufig müssen Hunde dann zu dem Ergebnis kommen: »Hier hat jemand weder »Sprachkenntnisse noch Manieren ... und auch noch pädagogische Defizite.«

Einsatz menschlicher Gestik

Somit ist eindeutig: Von der Übersetzungsleistung von uns Menschen hängt es in hohem Maße ab, ob Hunde uns verstehen können. Für jeden von uns ist nachvollziehbar: Wenn wir uns mit einem Chinesen in dessen Sprache unterhalten wollen, müssen wir zunächst »Chinesisch« beziehungsweise chinesische Schriftzeichen erlernen. Wie aber steht es mit unserem Sprach- und Übersetzungsvermögen ins »Hundische«? Hier geht es zudem um die Übersetzungsleistung zwischen zwei verschiedene Arten mit einer unterschiedlicher Verhaltensbiologie, mit Unterschieden, die bereits im Prägungslernen beginnen! Vor allem aber auch um das Erreichen einer anderen Wahrnehmungsperspektive mit einer anderen biologischen Ausstattung und weitgehend völlig anderen Zielsetzungen. Hunde haben keinesfalls immer die gleichen Interessen oder Zielsetzungen wie wir als Menschen!

Übersetzungsleistung

Hunde haben eine eigene Welt in ihrem Kopf!

Kommunikation ... keine einfache Sache!

Kommunikation scheitert in der Praxis oft sogar an Kleinigkeiten! Und woran liegt das?

Zum einem hat jeder von uns seine eigenen Vorstellungen, wie »Dinge zu laufen haben« – also unterschiedliche Vorstellungen, Interessen, Werte, Ideale oder auch Vorkenntnisse. Daraus folgt zwangsläufig, dass auch Themen oder Situationen sehr unterschiedlich beurteilt werden können! Hinzu kommt: Selbst wenn Menschen untereinander kommunizieren, so haben doch alle individuelle Wahrnehmungskanäle! Wir hören und sehen unterschiedlich im Detail. Und was verbinden wir mit einer Aussage bzw. Information? Wie stehen diese zu unseren Vorkenntnissen, zu unseren Vorerfahrungen, Erwartungen, Normen und Werten?

Übersetzungsfehler

Hierdurch erkennen wir auch, um wie viel schwieriger es wird, mit einer anderen Art – also artübergreifend zu kommunizieren und wie wichtig es daher für die Verständigung mit unserem Hund ist, jeweils genau zu kommunizieren! Dies auch um schwerwiegende Übersetzungsfehler zwischen zwei Arten zu vermeiden. Übersetzungsfehler geschehen ohnehin.

Daher sind im Dialog mit unseren Hunden eindeutige Signale für den Kommunikationserfolg unerlässlich! Weiterhin sollten wir uns mit den Fragen beschäftigen:

Wie lernen und denken Hunde?

Wie nehmen sie unsere Umwelt wahr?

Wie lassen Hunde sich motivieren und was demotiviert sie?

Begeisterung

Für uns bedeutet dies einen eigenen fortwährenden Lern- und Beobachtungsprozess. Zudem den Einsatz unserer Kreativitätspotentiale, um Hunde gemäß ihrer Fähigkeiten zu beschäftigen. Ferner bedeutet es, sich regelmäßig Zeit zu nehmen, um mit ihnen auch Spiele, Aufgaben und Übungen auszuprobieren, zu sehen wie sie darauf reagieren, und um zu erfahren, was Hunde alles erlernen können! Beteiligen wir uns selbst mit der gleichen Begeisterung wie unsere Hunde an verschiedensten Aufgaben und Übungen, bestätigen und verstärken wir, loben wir, wo immer es Sinn macht! Voraussetzungen sind hierfür die eigene innere Strukturierung, die Kontrolle über die eigene Verfassung mit einer verlässlichen emotionalen Stabilität! Und der Klarheit, welche Kommunikationssignale, Botschaften will ich aussenden? Was will ich meinem Hund mitteilen? Macht es Sinn, auch aus Sicht meines Hundes? Kann mein Hund mich überhaupt aufgrund seiner Ausstattung und aufgrund meiner Botschaft verstehen? Bleibe ich ruhig und souverän, wenn nicht alles gleich funktioniert, der Hund mich nicht gleich versteht oder nicht gleich meiner Aufforderung folgt?

Wenn Hunde nicht gleich verstehen

10.4 Wenn Hunde uns einmal nicht gleich verstehen

Im Laufe der langen gemeinsamen Entwicklung von Mensch und Hund, der sogenannten Co-Evolution, haben sich auch genetisch gegenseitige hochinteressante Prozesse ergeben, insbesondere auch im gegenseitigen Verstehen beider Arten. Wir sprechen in diesem Zusammenhang von sogenannten »Tandem Repeats« bei Hund und Mensch. Eine wesentliche Voraussetzung für erfolgreiche gegenseitige Kommunikationsprozesse. Und eines ist wissenschaftlich unbestritten: Keine Art versteht den Menschen so gut wie der Hund!

Da Hunde uns sehr viel besser beobachten als wir sie, ist davon auszugehen, dass Hunde einen deutlich höheren Anteil an gelungenen artübergreifenden Kommunikationsprozessen haben als wir! Da Hunde außerdem bessere Konfliktlöser sind als wir Menschen, darf getrost davon ausgegangen werden: »Es ist vorrangig die Meisterleistung von Hunden, dass es relativ selten zu ernsthaften Zwischenfällen bei Begegnungen von Hunden und Menschen kommt!« Insbesondere vor dem Hintergrund menschlicher Konfliktpotentiale.

10.5 Lernverhalten von Hunden beruht nicht allein auf Lerntheorien

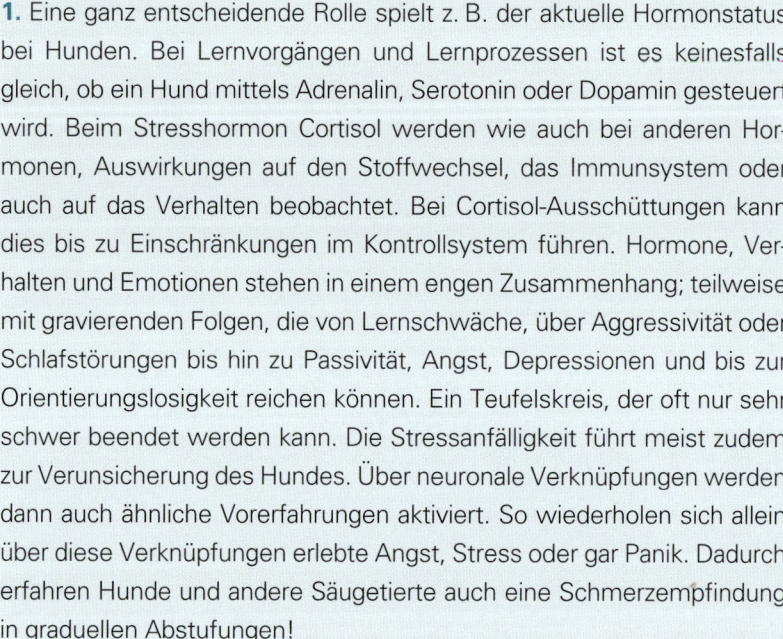

Das Lernverhalten unserer Hunde lässt sich keinesfalls nur über Lerntheorien erklären! Dieser Ansatz wäre defizitär und keinesfalls ausreichend, denn ganz entscheidend sind auch eine Vielzahl weiterer Faktoren.

1. Eine ganz entscheidende Rolle spielt z. B. der aktuelle Hormonstatus bei Hunden. Bei Lernvorgängen und Lernprozessen ist es keinesfalls gleich, ob ein Hund mittels Adrenalin, Serotonin oder Dopamin gesteuert wird. Beim Stresshormon Cortisol werden wie auch bei anderen Hormonen, Auswirkungen auf den Stoffwechsel, das Immunsystem oder auch auf das Verhalten beobachtet. Bei Cortisol-Ausschüttungen kann dies bis zu Einschränkungen im Kontrollsystem führen. Hormone, Verhalten und Emotionen stehen in einem engen Zusammenhang; teilweise mit gravierenden Folgen, die von Lernschwäche, über Aggressivität oder Schlafstörungen bis hin zu Passivität, Angst, Depressionen und bis zur Orientierungslosigkeit reichen können. Ein Teufelskreis, der oft nur sehr schwer beendet werden kann. Die Stressanfälligkeit führt meist zudem zur Verunsicherung des Hundes. Über neuronale Verknüpfungen werden dann auch ähnliche Vorerfahrungen aktiviert. So wiederholen sich allein über diese Verknüpfungen erlebte Angst, Stress oder gar Panik. Dadurch erfahren Hunde und andere Säugetierte auch eine Schmerzempfindung in graduellen Abstufungen!

2. Aber auch die aktuelle körperliche und seelische Verfassung des Hundes spielt eine entscheidende Rolle! Und nicht zu vergessen auch die des Hundehalters bzw. der Hundehalter! Dies wird in Fachdiskussionen häufig einfach unter den Teppich gekehrt. Hundeverhaltenstraining wird allzu häufig allein auf ein Verhaltenstraining beim Hund reduziert. Da sich Kommunikationsabläufe aber nicht einfach vom Umfeld abkoppeln las-

sen, ist es ein gravierender Irrtum zu glauben, man müsse allein den Hund trainieren. Kommunikation verläuft stets im Team. Und in einem Team ist es nicht möglich, »nicht nicht miteinander zu kommunizieren«, so Watzlawik. Selbst wenn wir uns anschweigen, Kommunikation passiert immer, über Körpersprache, Stimmungstransfer oder über Olfaktorik, also über Geruch. Und gerade hier können wir unseren Hunden nichts vormachen: Hunde »riechen unsere Stimmungen und Zustände« wie es für uns kaum vorstellbar ist. Da kann ein Hundehalter etwas noch so sehr verbal formulieren, der Hund lässt sich nicht täuschen. Er spürt über Allelomone, dies sind Botenstoffe zur Informationsübertragung, was mit uns Menschen los ist und über Pheromone, was in einem anderen Hund vorgeht. Es waren der Chemiker Peter Karlson und der Zoologe Martin Lüscher, die dazu erste Forschungsergebnisse bereits im Jahre 1959 vorlegten: Dabei definierten sie Pheromone, wie folgt: »Es handelt sich um Substanzen, die von einem Individuum nach außen abgegeben werden und bei einem anderen Individuum der gleichen Art spezifische Reaktionen auslösen.«

3. Als Zweibeiner und Kommunikationspartner unserer Hunde sollten wir außerdem unser Bewusstsein auf eigene innere Zustände richten, wie beispielsweise unseren jeweiligen Stresspegel und damit verbunden auch auf »innere Anspannung, Ausgeglichenheit oder auch auf Unausgeglichenheit«! Denn selbstverständlich hat auch dieser Zusammenhang Folgen für den Kommunikationsprozess mit unseren Hunden.

Dazu gehört ebenso die Frage: »Was mache ich mit mir, wenn mein Hund mich nicht versteht, verstehen kann oder will?« Einen guten Zugang zu sich selbst und den eigenen inneren Vorgängen zu haben, dies

zudem mit einer Fähigkeit zur Selbststeuerung, ist nicht ganz leicht! Denn es geht darum, eigene weniger gute Zustände zu erfassen, wie Unstetigkeit, Aggression oder falsche Erwartungen, ein Abwehr- oder Übertragungsverhalten. Damit richtig umgehen zu können, setzt auch noch die Fähigkeit zur eigenen Selbststeuerung voraus!

4. Die Frage, wie wir als Hundehalter selbst sozialisiert bzw. geprägt wurden – und außerdem mit welchen Vorbildern und Zielvorgaben? – kann nur jeder für sich selbst beantworten. Diese Frage sollte aber gestellt werden!

5. Weiterhin spielt Zielklarheit eine große Rolle: Was will ich und was will ich nicht? – auch im Umgang mit Hunden! Dies sollte niemals vernachlässigt werden.

6. Weiterhin braucht nicht ausgeführt zu werden, wie wichtig für das Wohlbefinden, Verhalten oder Lernen des Hundes der familiäre Kontext ist. Auch der Lärmpegel oder Ruhe- und Rückzugsmöglichkeiten sind mitentscheidend! Dazu ist unsere Sensibilität und Empathie-Fähigkeit gefragt, um auf die jeweiligen Bedürfnisse und die Verfassung unseres Hundes angemessen reagieren zu können.

7. Ob und was ein Hund lernt, hat auch mit der Fähigkeit des Halters zu tun, die Neigungen und Potentiale des eigenen Hundes zu erkennen oder dessen Kreativitätspotential zu fördern. Dies bedeutet für uns Menschen auch, uneingeschränkt darauf zu schauen, »was im betreffenden Hund alles steckt«!

Dazu wiederum benötigen wir eine gemeinsame Kommunikationsebene, die sowohl die Ausgangslage des Hundes wie die des Menschen zusammenbringt und harmonisiert.

All diese genannten Faktoren und Kontexte spielen eine erhebliche Rolle beim Lernen von Hunden und natürlich auch für das Lernen von uns Menschen!

Oft vergessen wir gerne, dass Lernerfolge (bzw. -Misserfolge) bei unseren Hunden auch etwas mit uns selbst und unseren Lebenskontexten zu tun haben!

Eine Lösungsansatz dazu wäre vielleicht auch einmal zu fragen: Könnte ich das verstehen, was ich jeweils meinem Hund mitteile, wenn ich selbst mein eigener Hund wäre?

10.6 Über die Fähigkeiten von Hunden

Bereits in Kapitel 1 wurde ausführlich das breite Spektrum von Kognitionsleistungen, über welches Hunde verfügen, vorgestellt. Zur Kognition als Sammelbezeichnung gehören vielfältige Fähigkeiten, wie das Erkennen, Selektieren, Urteilen, Lernen, ein Gedächtnis haben oder die Fähigkeit, Probleme lösen zu können. Verhaltensmediziner wie Sabine Schroll und Joelle Dehasse formulieren es so: »Der Hund hat ein sehr hohes kognitives Niveau. Er ist mit größter Wahrscheinlichkeit in der Lage, sowohl bildhaft als auch abstrakt zu denken.«

Diese Zusammenhänge sind deshalb so wichtig, damit wir Hunde in ihren Möglichkeiten – insbesondere auch im »artübergreifenden Kommunikationsprozess« nicht unterschätzen oder Details missachten! Unsere Kommunikation und unser Verhalten sollten stets klar sein. So bemerken Hunde sofort, wenn wir z. B. widersprüchlich kommunizieren oder nicht ganz bei der Sache sind. Denn längst ist bewiesen, dass Hunde lernen, denken und fühlen können. Und Lernen und Denken sind voneinander nicht zu trennen.

Lernen und Denken sind voneinander nicht zu trennen.

Hunde können außerdem äußerst gut beobachten und sind neuesten Untersuchungen zufolge durchaus in der Lage, selbst auf Bildschirmen Tiere von Landschaften zu unterscheiden. Keinesfalls lernen Hunde nur durch Konditionierung, sondern auch über Assoziation, Exploration (Erforschen), über Ausprobieren, wie über »Try und Error«, über Nachahmen bis hin zum generalisierenden Lernen. Auch mögliche Gefahren adäquat zu beurteilen und Entscheidungen unter Berücksichtigung der bisherigen Vorerfahrungen zu treffen, ist ein Kognitionsvorgang, den sie grundlegend beherrschen.

Nicht nur Hunde, wie der Border-Collie Rico, der etwa 260 Spielsachen unterscheiden konnte und außerdem ein neues Teil nach dem Ausschluss-Prinzip erkannte, versetzt uns in Erstaunen. Dieser Hund ist keinesfalls ein »Einzelfall«. Weitere Hunde mit höchster Unterscheidungskraft wurden ausfindig gemacht, wie z. B. Chasey, der nachweislich mehr als 1200 Gegenstände sprachlich und optisch unterscheiden kann. Weiterhin können Hunde auch Mengen unterscheiden oder feststellen, wann für sie das Risiko, etwas Verbotenes zu tun, am geringsten ist.

Chasey, der nachweislich mehr als 1200 Gegenstände sprachlich und optisch unterscheiden kann

Selbst Symbole können Hunde gezielt und aktiv in der Kommunikation einsetzen: Dies bewies – wie bereits ausgeführt – der Hund Philip, der dafür in Ungarn zum intelligentesten Hund des Jahres 2000 gekürt wurde. So setzte Philipp selbst aktiv Symbole ein, um seine Wünsche mitzuteilen. So bedeutete für ihn und seinen Halter eine Kette mit Ring »Ich habe Durst«, und eine Kette mit einem Dreieck »Ich will spielen!«

10.7 Was ist überhaupt hundliches Normalverhalten?

Der Frage nachzugehen, was überhaupt unter hundlichem Normalverhalten zu verstehen ist, ist und bleibt interessant.

So gehören verhaltensbiologisch Jagen oder Beute machen zum normalen Standardverhalten eines Hundes. Gleichwohl ist klar, dass wir als Hundehalter darauf achten müssen, dass unsere Hunde dies nicht ausleben. Dass unsere Gesellschaft mehrheitlich die Verhaltensbiologie von Hunden nur unzureichend kennt und berücksichtigt, ist leider nach wie vor in der Praxis immer wieder festzustellen. Längst nicht allen Hundehaltern ist die Verhaltensbiologie geläufig und nur wenige Landeshundegesetze in Deutschland berücksichtigen diese Zusammenhänge. An dieser Stelle sei erwähnt, dass auch unseren Haushunden noch etwa 70 % der Genetik des Wolfes innewohnt.

Zum Normalverhalten von Hunden gehört auch, dass diese in Notsituationen ihren Halter, deren Haus oder sie sich selbst verteidigen. Weiterhin gehören dazu Besitz- und Territorialverteidigung oder die Verteidigung der Welpen!

Hunde zeigen, wenn sie gut sozialisiert sind, wie erwähnt, ihre Bereitschaft zum Angriff oder zur Verteidigung über kontrollierte sechs Eskalationsstufen:

Stufe 1: Distanzdrohen, Zähneblecken
Stufe 2: Distanzunterschreitung, Abwehrschnappen
Stufe 3: Drohen mit Körperkontakt, Über-die-Schnauze-Beißen
Stufe 4: Runter-Drücken, Quer-Aufreiten
Stufe 5: Anrempeln, gehemmte Beschädigung
Stufe 6: Beißen, Beißschütteln

Innerhalb der Kommunikation mit anderen Hunden nehmen Hunde die gezeigten Eskalationsstufen exakt zur Kenntnis und reagieren sehr präzise und sekundenschnell darauf. Im Gegensatz zu vielen Menschen, die diese Signale nicht schnell genug erkennen oder diese gänzlich ignorieren. Wenn nun ein Hund uns Menschen mitteilt »Halte Abstand« und wir ignorieren seine Botschaft, kann dies zwangsläufig vom Hund als Bedrohung gewertet werden und somit zum Konflikt zwischen Hund und Mensch werden.

[ABB. RECHTE SEITE]
Eindrucksvolles Distanzdrohen mit Zähneblecken.

Weitere menschliche Fehlbeurteilungen sind:

Wenn Hunde z. B. schnappen oder intentional beißen aufgrund der Tatsache, dass Menschen Hundekommunikation einfach und wie selbstverständlich ignorieren, somit selbst einen Konflikt heraufbeschworen haben, wird oft gleich von einem gefährlichen Hund gesprochen, was definitiv falsch ist.

Dies mit der fatalen Folge, dass ein Hund, der verhaltensbiologisch korrektes Verhalten gezeigt hat, nicht selten bald zu fragwürdigsten und teilweise tierschutzrelevanten Wesenstests bestellt wird. Damit wird dem Hund etwas zu Last gelegt, was er gar nicht zu verantworten hat, sondern wir als Menschen. Und wer ist der Leidtragende? Leider der Hund. Und er »büßt« damit zweifach für menschliches Fehlverhalten.

Auch hier sei der häufige Irrtum vom angeblichen »Beißen« eines Hundes näher betrachtet: Reflexartiges Schnappen, Beute festhalten oder ein Knispeln haben wirklich nichts mit gefährlichen Beißattacken zu tun! Wenn mich mein Hund vor Freude beim Joggen gern mal in meine Sporthose zwickt, dies ohne Sachbeschädigung oder Personenschaden, hat das nichts mit gefährlichem Beißen zu tun, sondern ist Teil und Ausdruck eines hundlichen Normalverhaltens.

Auch wenn dauerhaft unterbeschäftigte Hunde vor Langeweile und Tristesse in ihrem Leben sich mit der Wohnungseinrichtung auseinandersetzen, kann nicht dem Hund dafür ein Vorwurf gemacht werden. *Hunde sind hoch intelligente Sozialpartner* Hunde sind hoch intelligente Sozialpartner, die sowohl geistig wie auch körperlich tagtäglich in interessanter Weise beschäftigt werden müssen. Da sowohl die Jagd wie auch ein Überlebenskampf für unsere meist stubentauglich sozialisierten Haushunde ausfallen, müssen wir ihnen andere Beschäftigungsmöglichkeiten geben. Sonst suchen sie sich diese selbst, indem sie den Garten umgraben oder stundenlang bellen, in dem Fall, da sie sich selbst als »Sicherheitsexperten« eingestellt haben.

10.8 Parallelen beim Angst- und Stressverhalten von Mensch und Hund

Längst ist nachgewiesen, dass Hunde – bedingt durch einen ähnlichen Gehirnaufbau – ebenfalls mit einem limbischen System ausgestattet sind. Sie verfügen durchaus über ein vergleichbares Gefühlsinventar wie wir Menschen. Somit liegt auch im Angst- und Stressverhalten eine verblüffende Übereinstimmung zwischen Hund und Mensch vor.

Darauf hat auch das Schweizer Tierschutzgesetz nach Art. 1 insofern vorbildlich reagiert, indem »angsterzeugende Maßnahmen«, die Menschen Tieren zufügen, als Form des Schmerzes (social pain), unter Strafe gestellt werden. Das Prinzip der »Social Pains« ist längst erforscht: Das Gehirn des Hundes reagiert darauf mit starker Missempfindung oder mit Schmerz.

Angst bzw. Phobien können bei Menschen wie auch beim Hund auftreten und als komplexe Reaktion auf tatsächliche oder vermutete Gefahren beschrieben werden. Diese komplexen Reaktionen werden sowohl durch emotionale wie kognitive als auch behavioristische und physiologische Komponenten bestimmt.

Und das Gehirn des Hundes verknüpft sehr schnell: Bereits eine ein- bis dreimalige Konfrontation mit einer angst- oder schmerzauslösenden Provokation hat die Konsequenz, dass der Hund sich in einer ähnlichen Situation nicht nur erinnert, sondern dass sofort eine erneute Angst- oder Schmerzreaktion ausgelöst wird. Bereits dann hat sich ein neues Reaktionsmuster etabliert.

In diesem Zusammenhang sind auch Übertragungsängste oder die sogenannte »Erlernte Hilflosigkeit« (EH) als Sonderform einer erlernten Depression bei Hund und Mensch zu nennen:
Angst- und Schmerzempfinden gelangen über das Limbische System zur Großhirnrinde zu einer »Bewertung«. Dort wird die gemeldete Schmerzempfindung mit anderen Empfindungen und Vorerfahrungen zusammengekoppelt. Es findet somit eine Verschaltung der »Ist-Situation« mit Vorerfahrungen einschließlich einer Bewertung statt. Diese Kontexte sind durch unzählige Veröffentlichungen längst belegt.

Bereits vor über 35 Jahren, nämlich 1978, widmete die US-Zeitschrift »Journal of Abnormal Psychologie« eine ganze Ausgabe Themen, wie der »Erlernten Hilflosigkeit« als Sonderform einer erlernten Depression. In dieser Ausgabe werden insbesondere auch Beispiele von sogenannten »wissenschaftlichen Experimenten« aus den 1960-er Jahren, die angeblich der Angstforschung dienen sollten, dokumentiert. Diese waren an Grausamkeit kaum zu überbieten. Dazu gehörten das Erzeugen »experimenteller Neurosen« oder paranoider Schizophrenie an Hunden, die man dazu auch noch als Welpen isoliert aufwachsen ließ. Sie wurden dann mit Kampferspritzen oder hohen Dosen Elektroschocks hochgradig traumatisiert! Das Ergebnis waren »induzierte Verhaltensstörungen« und »beigebrachte Traumatas«! Alles im Namen der Wissenschaft. Und alles angeblich, um die Vielschichtigkeit von Angststörungen bei Hunden besser verstehen zu lernen.

> **Fakt ist:**
>
> *Folter und Wissenschaft schließen sich gänzlich aus! Diese vorgenannten Folterexperimente sind so grausam wie wissenschaftlich unsinnig. Deshalb gehören sie ins Straf-Gesetzbuch! Leider stehen insbesondere bekannte Namen wie Seligman, Fedorow oder der Militärmediziner Pawlow – sogar noch Nobelpreisträger seines Zeichens – für die damaligen »Qualforschungen« an Hunden.*

10.9 Wie lassen sich Übertragungsängste, Deprivation oder Angststörungen bei Hunden vermeiden?

Die Entstehung von Ängsten ist meist multifaktoriell: Auch Übertragungsängste von Seiten des Menschen können dabei eine wesentliche Rolle spielen. Hunde, die einen ständig und vor allen Lebenssituationen angsterfüllten Halter an ihrer Seite haben, werden Situationen ebenfalls schnell als bedrohlich erleben und mit der Zeit häufig auch diffuse Angststörungen entwickeln. Daher ist es unabdingbar, dass wir als Hundehalter versuchen, stets ausbalanciert und möglichst stressfrei mit unsern Hunden zu kommunizieren. Es hilft uns schließlich auch selbst, uns differenziert wahrzunehmen, unsere inneren Vorgänge zu erkennen und mit diesen angemessen umgehen zu können. Selbstverständlich setzt dies auch ei-

Vertrauen! Basis für umweltsichere Hunde.

nen guten Zugang zu uns selbst voraus. Jeder kennt sicherlich Beispiele, die zeigen, dass dies nicht jedem Hundehalter bewusst ist! So gibt es Anfragen von Hundehaltern wie folgt: »Was mache ich nur? Mein Hund ist depressiv, lebensunfroh und ängstigt sich vor allem und jedem!« Schon die Stimmlage der Halterin ließ in diesem Fall die Frage aufkommen: Von wem spricht sie jetzt eigentlich? Von ihrem Hund oder von sich selbst? Die Praxis zeigte dann in diesem Fall auch eindeutig: Es ging bei den Verhaltensfragen in erster Linie nicht um ihren Hund, sondern um die Dame selbst. Nachdem ihr das bewusst geworden war und sie ihr eigenes Verhalten verändern konnte, war auch ihr Hund schlagartig symptomfrei! Auch Reizarmut, Reizentzug (Deprivation) oder Isolation von Hunden führen dazu, dass diese Hunde deutlich mehr Ängste entwickeln als gut sozialisierte Hunde, die insgesamt auch über eine bessere Stressresistenz verfügen. Wir als Hundehalter sollten unseren Hunden einen lebenslangen regelmäßigen Kontakt mit anderen Hunden ermöglichen, nicht nur in den ersten Lebensmonaten.

Das bedeutet auch, Hunde mit einer »individuell passenden und gut dosierten Form von Fremdreizen« zu konfrontieren, die ihnen zudem helfen, ihre Umweltsicherheit zu verbessern.

10.10 Wege zur Neukonditionierung: Überwindung alter Verhaltensmuster

Bei einer sogenannten Neukonditionierung oder Desensibilisierung muss in kleinen Schritten und behutsam vorgegangen werden. Der Hund selbst bestimmt allein das Tempo und was er gut verträgt und was nicht. Bei einem »Anti-Angst-Training« darf der Hund nur insoweit mit Ängsten konfrontiert werden, solange wie er eine leichte Unruhe verspürt und auch noch auf unsere Zeichen und Sprache reagieren kann.

Ist die Angst so stark, dass dies nicht mehr der Fall ist, kann der Hund nichts mehr lernen. Dafür wird sich die Angst deutlich verschlimmern und das Gegenteil wird erreicht. Grundsätzlich sollte dieses Training nur von einem erfahrenen Hundeverhaltensberater in Zusammenarbeit mit einem Verhaltensmediziner durchgeführt werden – und auch nach unbedingtem Ausschluss von verhaltensmedizinisch relevanten Befunden.

Denken wir stets daran: Ein Hund funktioniert nicht wie eine Maschine, die man ein- oder abstellen kann! Hundeverhalten ist äußerst komplex und setzt sich aus verhaltensbestimmenden Elementen zusammen, die sich wie bei einem Uhrwerk ineinander verzahnen. *(vergl. Barbara Wardeck-Mohr »Team-Coaching Mensch-Hund – Wege zur Erfolgreichen Kommunikation«. Verlag Müller Rüschlikon 2013, S. 44 ff)*

Fazit ...

Eine erfolgreiche Team-Arbeit zwischen Menschen und Hunden setzt voraus, dass wir bereit sind, immer wieder auch von unseren Hunden zu lernen. Und dass wir begreifen, Tiere und insbesondere Hunde sind uns in vielen Bereichen voraus. Das bedeutet für mich: Auch mein eigener Hund ist für mich ein »Coach«, wenn ich es denn nur erkenne und zulasse! »Werden Sie Ihr eigener Hunde-Coach« bedeutet: Lernen ist keinesfalls eine Einbahnstraße, wo nur Hunde etwas von mir lernen können, sondern vielmehr: Mein eigener Hunde-Coach steht – in Gestalt meines Hundes – bereits vor mir!

Autorin mit Puschkin

11. Das Kognitive Dysfunktions-Syndrom bei Hunden

11.1 Über den Verlust der geistigen Fähigkeiten bei Hunden

Inzwischen ist erwiesen, auch Hunde können an seniler Demenz erkranken. Das kognitive Dysfunktions-Syndrom (CDS) ist unheilbar und führt zu permanenten Veränderungen im Gehirn. Das Dysfunktions-Syndrom beim Hund weist eine hohe Übereinstimmung in der Entstehung und zum Verlauf bei an Alzheimer erkrankten Menschen auf. Man spricht demzufolge umgangssprachlich auch von Hunde-Alzheimer. Aus weitgehend ungeklärten Gründen kommt es zu degenerativen, leider irreversiblen Veränderungen, die meist erst in einem fortgeschrittenen Stadium erkannt werden. Oft wird die Erkrankung gänzlich übersehen und demzufolge auch nicht therapiert. Nach Auskunft führender deutscher Neurologen, haben sich noch vor 10–15 Jahren selbst Veterinäre kaum mit CDS bei Hunden befasst.

Hinzu kommt: Insbesondere bei der CDS sind hohe differenzierte Fachkenntnisse und eine exzellente Beobachtungsgabe erforderlich, um betroffenen Hunden schnellstmöglich – nicht nur medizinisch – zu helfen. Denn gerade ein schnelles kompetentes und professionelles Handeln ist sowohl für den Krankheitsverlauf wie auch für die Lebensqualität des Hundes ganz entscheidend! Dazu kann es hilfreich sein, Hunde nicht erst im fortgeschrittenen Lebensalter und mit Eintreten von ersten Verdachtssymptomen einem Tierarzt vorzustellen, sondern bereits in ihren jüngeren Lebensjahren damit zu beginnen, ihr individuelles Verhalten und auch ihre Laborwerte als Referenzdaten festzuhalten. Kommt es dann später zu Veränderungen, sind Basisdaten bereits vorhanden, die für eine Diagnostik von großem Vorteil sind. Obwohl nur relativ wenig valide Studien über CDS bei Hunden überhaupt vorliegen, ist klar: Viele an seniler Demenz erkrankte Hunde werden auch heutzutage überhaupt nicht erfasst, geschweige denn behandelt! Aktuelle Studien gehen sogar davon aus, dass fast jeder 4. ältere Hund von CDS betroffen ist *(Veterinary Journal 194/Elsevier, 2012)*.

11.2 Eine oft übersehene Krankheit

Erst vor etwa 10–15 Jahren begann die Veterinärmedizin diese Erkrankung als solche bei Hunden zu erfassen und auch ansatzweise zu behandeln. Die Problematik besteht zudem darin, dass eine Abgrenzung zu normalen Alterungsprozessen bei Hunden erst über eine regelmäßige und detaillierte Diagnostik von vielfältigen Leitsymptomen erfolgen kann. Allerdings können auch andere Erkrankungen dieselben Symptome hervorrufen, die im Einzelnen noch vorgestellt werden. Hervorzuheben ist auch, dass ein oder auch zwei Leitsymptome wie z. B. verändertes Interaktionsverhalten gegenüber bekannten Menschen und Tieren oder Verlust der Stubenreinheit allein nicht ausreichen, um eine sichere Diagnose zu stellen.

Vielfältige Leitsymptome

Leider wird bei vielen Hunden diese Erkrankung nach wie vor nicht erkannt, respektive nicht ernst genommen. Und es wird meistens versäumt, sie vor allem zeitnah zu behandeln. Hinzu kommt, dass die Wissenschaft sowohl bei der Erforschung wie auch bei der Behandlung von CDS bei Hunden noch einen längeren Weg vor sich hat, auch hinsichtlich der Erforschung von Ursachen und Auslösern der Erkrankung. Wie bereits ausgeführt, haben sich noch vor 10–15 Jahren selbst Veterinäre kaum mit CDS beim Hund befasst. Beim Menschen hingegen ist die Erkrankung und deren Behandlung bereits sehr viel besser erforscht. Beim Erkennen der CDS sind differenzierte Fachkenntnisse und eine sehr gute Einfühlungs- und Beobachtungsgabe erforderlich, um den betreffenden Hunden bestmöglich, nicht nur medizinisch, zu helfen.

Eine unheilbare Erkrankung

Das kognitive Dysfunktions-Syndrom ist unheilbar und führt zu permanenten Veränderungen im Gehirn. Wie auch beim Menschen kommt es dann auch beim Hund aus weitgehend ungeklärten Gründen zu degenerativen, leider irreversiblen Veränderungen. Dies insbesondere auch durch die Anhäufung von Beta-Amyloid oder durch Ablagerungen von Lipofuzin, das aus oxidierten Proteinen und Fetten besteht und nicht vom Körper abgebaut werden kann. Damit einher geht ein kontinuierlicher Verfall der kognitiven Fähigkeiten. Erste Demenzsymptome können bei Hunden bereits im Alter von 7–11 Jahren auftreten. Da bisher nur relativ wenige Studien vorliegen, ist die Aussage einer Studie, dass weibliche, kastrierte Hunde häufiger betroffen sein sollen als Rüden, mit Zurückhaltung zu bewerten.

CDS – fünf wesentliche Leitsymptome

1. Verlust beziehungsweise Einschränkung bei der Orientierungsfähigkeit: Hunde finden sich z. B. nicht mehr in ihrer Umgebung zurecht.
2. Verändertes Interaktionsverhalten gegenüber bekannten Menschen und Tieren. Dies kann auch zu einem veränderten Verhalten gegenüber bekannten Menschen und Tieren führen, sodass sie diese erst verlangsamt oder gar nicht erkennen.
3. Störungen und Veränderungen im Schlaf-Wach-Rhythmus.
4. Verlust beziehungsweise Einschränkung bei der Stubenreinheit.
5. Veränderungen bei Aktivitäten und im Gesamtverhalten von betroffenen Hunden.

11.3 Wie kann die Erkrankung festgestellt werden?

Wie bereits ausgeführt, zeigen Hunde mit CDS häufig viele Parallelen zur menschlichen Demenz. Wissenschaftler gehen von einem Übersetzungsfehler im Gehirn bei Demenzpatienten aus, ob nun beim Hund oder Menschen. Zeigen Hunde Symptome, die auf eine CDS hindeuten, sollten andere Ursachen unbedingt ausgeschlossen werden. Bei den ersten Anzeichen, die auf CDS hinweisen könnten, sollte der Hund dem Tierarzt vorgestellt werden. Denn auch andere Erkrankungen können ähnliche Symptome hervorrufen wie die CDS. Als Beispiele seien hier fortschreitende Leber- oder Nierenschwäche oder auch Auswirkungen, die seitens der Seh- und Hörorgane herrühren, genannt.

11.4 Was ist bei der CDS zu berücksichtigen?

Besonders bei einer Demenzerkrankung gilt es, für seinen Hund einen abwechslungsreichen Tag zu gestalten. Wir sollten ihn immer wieder beschäftigen, aber dabei nicht überfordern und ihm angemessene Ruhe- und Rückzugsmöglichkeiten einrichten. Es muss ihm gerade bei dieser Erkrankung besonders viel Geduld und Liebe entgegengebracht werden. Wichtig sind dabei auch häufige, aber kürzere Spaziergänge. Von besonderer Bedeutung sind auch Kopfarbeit, eine besonders liebevolle Ansprache des Hundes, und zwar mehrmals am Tag. Ebenso wichtig sind regelmäßige und ausgiebige Fellpflege sowie Streicheleinheiten. Das Futter sollte dem Hund in kleinen Portionen – abwechslungsreich und von der Zusammenstellung her gut durchdacht und mehrmals täglich – gereicht werden. Neben den tierärztlich verordneten

Medikamenten können Hundehalter auch Spezialfuttermittel einsetzen, um zu versuchen, die Bildung der freien Radikale zu verhindern. Empfohlen werden auch Zusätze von Coenzym Q 10 oder L-Acetyl-Carnithin oder andere Nahrungsergänzungsstoffe, wie zusätzliche Vitamin E-Gaben.

Anmerkung: Futtergaben in kleinen Portionen ist bei CDS sehr wichtig. Ziel: häufige Reizsetzungen/Abwechslung.

Wichtiger

Hinweis ...

In einem Fachaufsatz (2013) weist Dr. B. Schneider darauf hin, dass Selegilin unter keinen Umständen Hunden zusammen mit serotoninverstärkenden Antidepressiva, wie Clomipramin, Buspiron oder anderen MAO-Hemmern verabreicht werden darf. Fragen Sie Ihren Tierarzt bei der Medikamentenabgabe bezüglich Unverträglichkeiten und Risiken.

Anzeichen für CDS können sein:
- desorientiertes Herumwandern, Orientierungslosigkeit,
- wenig zielgerichtete Aktivitäten und geringes Interesse an der Umgebung
- an der falschen Stelle oder Türseite warten
- ins Leere starren
- den Halter nicht mehr erkennen
- reduziertes Interesse an Zuwendung
- kaum Interesse an Spielzeug und/oder an einer Kontaktaufnahme
- Stimmungsschwankungen
- erhöhte Reizbarkeit
- vermehrtes Schlafbedürfnis vor allem tagsüber; nachts hingegen unruhiger und eher geringer Schlaf
- Unsauberkeit, Verlernen der Stubenreinheit, reduziertes Anzeigen von Urin- und Kotabsetzen-Wollen und von anderen Bedürfnissen
- stereotypes Auf- und Ablaufen

11.5 Problematik bei der CDS-Diagnose

Die Hauptproblematik besteht darin, einen normalen Alterungsprozess des Hundes von dem krankhaften Geschehen der CDS abgrenzen zu können. Bei den Leitsymptomen sollte der Fokus insbesondere auf das mögliche Symptom »Desorientierung« gelegt werden, aber mit der vorgenannten Einschränkung, dass allein aufgrund von ein bis zwei gezeigten

Symptomen noch keine zuverlässige Diagnose möglich ist. So können Hunde z. B. auch bei schmerzhaften Prozessen Symptome wie Ins-Leere-Starren, eine fehlende oder eingeschränkte Begrüßung oder auch ein zielloses Umherwandern zeigen. Weiterhin müssen Erkrankungen ausgeschlossen werden, die zu einer eingeschränkten Stubenreinheit bzw. einer eingeschränkten Seh- und Hörfähigkeit führen können.

Erst aufgrund der Entwicklung von gezeigten Symptomen, die nur über ein regelmäßiges Abfragen von Leitsymptomen möglich wird, kann eine genaue Diagnose gestellt werden. Dabei sollte auch der Hundehalter z. B. über einen Fragebogen zusätzlich seinem Tierarzt präzise Auskunft geben können (Vorschlag für Fragebogen s. Kapitel 12, 2).

Zur Untersuchungsmethodik:

Als Untersuchungsmethoden und geeignete Maßnahmen gelten hierbei:

1. Gründliche Allgemeinuntersuchung des Hundes.
2. Monatliche Wiederholung der gründlichen Untersuchung mit dem Abklären der Leitsymptome bzw. der Leitsymptom-Komplexe.
3. Sobald sich der Verdacht aus CDS erhärtet hat, sollte möglichst rasch mit der Therapie begonnen werde

Ist eine Prophylaxe möglich?

Leider ist eine sichere Prophylaxe, also ein Schutz vor dieser Erkrankung, nicht möglich, da die Ursachen von CDS längst noch nicht vollständig erforscht wurden. Umfangreiche Forschung setzt immer auch eine Interessensvertretung und finanzielle Mittel voraus. Vergleicht man allerdings die heutigen Lebensbedingungen von Hunden mit denen vor 20 oder 30 Jahren, einschließlich der medizinischen Versorgung, so hat sich immens viel verbessert, zumindest für die meisten Haushunde. Vor 10 oder 15 Jahren wäre es zum Beispiel noch unvorstellbar gewesen, Hunden mit orthopädischen Problemen, sogar mit neuen Gelenken, was beispielsweise in der Kleintieruniversitätsklinik in Leipzig längst medizinischer Standard ist, über eine Operation eine neue Lebensqualität zu schenken. Erst langsam aber kontinuierlich – wo der Hund eines der beliebtesten Haustiere ist – erhält der Hund Qualitätsmedizin. So ist zu hoffen, dass es auch bald bei der Ursachenerforschung und Behandlung von CDS Fortschritte geben wird. Vor einer weiteren eingehenden Darstellung des Themenkomplexes der kognitiven Dysfunktion sollen zunächst aber einige Ausführungen zum komplexen Gehirnaufbau und den geistigen Leistungen von Hunden vorangestellt werden.

11.6 CDS im Kontext mit Kognitionswissenschaft verstehen

Unter Kognition werden jene Prozesse verstanden, durch die eine komplexe Umweltwahrnehmung einschließlich deren Informationsverarbeitung stattfindet, also ein Verständnis von Zusammenhängen, die sich zu einem Weltbild fügen. Dabei wird unter kognitiven Vorgängen insbesondere das Denken subsumiert, aber auch Erkennen, Urteilen, Lernen, Schlussfolgerungen ziehen oder ein Vorstellungsvermögen und Gedächtnis haben. Aber auch das Planen oder Problemlösen gehören zur Kognition. Die Kognitionswissenschaften untersuchen interdisziplinär verschiedene geistige, emotionale und psychologische Prozesse (science of the mind). Nicht zuletzt ist diese Wissenschaft auch das interdisziplinäre Ergebnis aus Psychologie, Neurowissenschaften und Sprache. Hervorzuheben ist ferner, dass Denken – nicht wie früher angenommen – unbedingt an Sprache gekoppelt sein muss, gleichwohl Sprache und Denken in einem engen Zusammenhang stehen (s. auch Kapitel 1).

Planen und Problemlösen

Kognitionsleistungen von Hunden

Hunde, davon geht die Wissenschaft aus, verfügen auch über ein begrenztes abstraktes Denkvermögen wie auch über ein bildhaft-räumliches Vorstellungsvermögen. Sie sind ferner in der Lage, Entfernungen oder Risiken einzuschätzen und verhalten sich auch uns Menschen gegenüber stets im Kontext ihrer Beobachtungen. Sie berücksichtigen durch die neuronale Verknüpfung selbstverständlich auch Vorerfahrungen bei gleichzeitiger Einschätzung der jeweiligen Lage und unter Berücksichtigung des speziellen Kontextes. Um Hunde oder andere Tiere zu verstehen, benötigen wir nicht nur Kenntnisse zur Verhaltensbiologie, zu ihrem Ethogramm (Verhaltensinventar) oder Ausdrucksverhalten beziehungsweise zu ihrer Vokalisation, sondern auch zu ihren Denk-Mustern bzw. Kategorienbildungen, die für ihr alltägliches Leben relevant sind.

Auch Grundbedürfnisse, Vorlieben und Rituale spielen dabei eine Rolle. Keinesfalls läuft das Lernen und Denken von Hunden nur über angeborenes Verhalten oder gar über die klassische Konditionierung ab. Vielmehr nutzen Hunde wie auch andere Tiere ihre individuellen Vorerfahrungen und setzen dieses erworbene Wissen bei Verhaltens- oder Problemlösungsstrategien ein. Hunde haben ein Verständnis von Zeit und Raum und erkennen auch Unterschiede oder Ähnlichkeiten. Dies erscheint eine wesentliche Grundvoraussetzung zu sein im Verständniszusammenhang der kognitiven Dysfunktion. Und auch um zu verste-

Verständnis von Zeit und Raum

hen, wie wichtig es ist, einem an seniler Demenz erkrankten Hund nicht einfach seinem Schicksal zu überlassen, sondern ihm eine hochwertige medizinische Versorgung sowie eine fachkundige und liebevolle Betreuung zu ermöglichen.

11.7 Über das Gehirn von Hunden zum Verständnis der CDS

Das Gehirn von Mensch und Hund unterliegt, wie bei allen höheren Wirbeltieren, einem ähnlichen Bauplan. Auch hinsichtlich der Emotionen, Bewegungen oder Reflexe sind viele Übereinstimmungen vorhanden. Sämtliche Gehirnfunktionen bei Säugetieren zu verstehen, ist eine höchst komplizierte und längst noch nicht dekodierte Angelegenheit. Selbst wenn wir sämtliches verfügbares Wissen aus Verhaltenslehre, Physiologie, Neurowissenschaften und Pathologie zusammenfügten, reichte dieses immense Werk mit kaum vorstellbarem Umfang nicht aus, um den komplexen Funktionsweisen des Gehirns Rechnung zu tragen. Stellen wir uns einmal ein Sandkorn vor: Bei Säugetieren sind in der Masse eines Sandkornes – also einem Quadratmillimeter – etwa 100.000 Nervenzellen bzw. Neuronen aktiv. Forscher vermuten beim Menschen bis zu 100 Milliarden Neuronen – genau wissen sie es allerdings nicht. Und auch für den Hund gibt es nur Schätzungen.

Wenn Hunde vergessen

Die Auseinandersetzung mit dem Thema »Kognitives Dysfunktions-Syndrom« (CDS) bei Hunden ist ein Beitrag zur Verantwortung, den wir alle gegenüber unseren Hunden tragen.

Im ersten Teil dieses Beitrags beschäftigten wir uns mit dieser Krankheit, auch im Zusammenhang mit den Kognitionsleistungen von Hunden. Nun sollen die Unterschiede zwischen dem Älterwerden und der Demenz betrachtet werden, einschließlich ihrer medizinischen Möglichkeiten.

11.8 Abgrenzung zwischen Älterwerden und Demenz

Zunächst ist zwischen dem pathologischen (krankhaften) Altern und einem normalen Alterungsprozess zu unterscheiden, was nicht immer ganz leicht ist. Zudem hat jedes Lebewesen, ob Mensch oder Hund, ein »Kalenderalter« und auch ein »biologisches Alter«. So gibt es zum Beispiel 80-jährige oder sogar 90-jährige Bergsteiger, die noch das Matterhorn erklimmen. Im Gegensatz dazu gibt es auch Beispiele von Altersdemenz, wo Personen bereits mit 60 Jahren verwirrt sind, im Rollstuhl sitzen und auch sonst nicht mehr arbeitsfähig sind. Wir müssen hinsichtlich der Altersdemenz bei Hunden und Menschen aber feststellen, dass Hunde im Gegensatz zu uns Menschen in diesem Krankheitsstatus leider sehr oft unterbehandelt sind oder das Verhalten des Hundes dann völlig fehlinterpretiert wird und er beispielsweise als stur, eigensinnig oder nur als alt beschrieben wird.

Auch nach Ansicht von Neurologen deutscher Tierkliniken liegt zur Diagnose »Altersdemenz bei Hunden« noch ein weiter Weg in der Forschung und bei der Aufklärung vor uns.

11.9 Woran erkennen wir, ob ein Hund alt ist?

Es gibt äußere Merkmale wie z. B. eine graue Schnauze oder bei den Augen eine Trübung der Linse, die einen Hinweis auf den Alterungsprozess geben können. Aber auch Rasse, Lebensalter, Körpergröße und Gewicht des Hundes sind, wie ausgeführt, zu berücksichtigen.

Mit zunehmendem Alter zeigen sich beim Hund folgende Veränderungen, die als normal einzustufen sind
- Nachlassendes Interesse an Aktivitäten.
- Geringerer Bewegungsdrang und geringere körperliche Belastbarkeit.
- Veränderungen beim Appetit und Körpergewicht; deshalb sind Gewichtszunahmen zu kontrollieren, da hierdurch Gelenke und Organe zusätzlich belastet werden.
- Gelenke, Muskeln und Organe zeigen Verschleißerscheinungen.
- Nachlassende Durchblutung der Organe, auch von Herz und Gehirn.
- Vermehrtes Ruhebedürfnis mit wachsendem Schlaf- und Ruheverhalten sowie ein veränderter Tag- und Nachtrhythmus, zuweilen auch mit nächtlichem Umherwandern.
- Verlust der Stubenreinheit im Zusammenhang mit Kontrollverlust der Muskulatur bzw. der Schließmuskeln, auch ohne senile Demenz.
- Verhaltensveränderungen in mannigfaltigster Ausprägung.

Wir stellen also Alterungsprozesse beim Hund sowohl über anatomische, kognitiv-emotionale wie auch physiologische Veränderungen fest. Diese Veränderungen bestimmen den Grad des Alterns. Altern wird sowohl durch Genetik, wie auch durch regelmäßiges körperliches und geistiges Training oder dessen Fehlen, ganz entscheidend positiv oder auch negativ beeinflusst. Dies neben weiteren relevanten Faktoren wie medizinische Versorgung, Ernährung und Lebenskontexte von Hunden.

Wir als Hundehalter haben ganz entscheidend die Möglichkeit, positiv Einfluss auf den Alterungsprozess zu nehmen. Von großer Bedeutung sind dabei auch unsere Intuition und unser Einfühlungsvermögen: Jeweils nach dem Gesundheitszustand und der Tagesverfassung sollten unsere Hunde gefördert und auch gefordert werden, und zwar ein Leben lang. Auch das Trainieren der Sinnesorgane ist wichtig. Denn kognitive Veränderungen sind stets im Kontext von Neurophysiologie und -pathologie zu sehen.

Häufige Alterserkrankungen
- Tumorerkrankungen
- Erkrankungen des Herz-Kreislaufsystems
- Diabetes mellitus (Zuckerkrankheit)
- Erkrankungen der Prostata, der Nieren, der Gelenke u. der Wirbelsäule
- Schilddrüsenerkrankungen
- Bluthochdruck
- Übergewicht
- Hauterkrankungen als Folge von Organerkrankungen
- Störungen des Verdauungsapparates (z. B. Verstopfung)
- übler Maulgeruch durch Zahnerkrankungen
- Inkontinenz

11.10 Sichtbare Veränderungen bei einer CDS: Leitsymptome

Zu betonen ist, dass es sich bei der Demenz um einen kognitiven Verfalls-prozess handelt. Dieser kann auch beim Hund episodisch und zunächst mit wenig erkennbaren Symptomen schleichend beginnen, genau wie bei uns Menschen. Diagnostische Kriterien liegen vor, wenn quasi tägli-che, mindestens auch einen Monat lang andauernde Beeinträchtigungen der kognitiven Fähigkeiten des Hundes zu beobachten sind:

Leitsymptome:
- räumliche Desorientierung wie z. B. Schwierigkeit, den richtigen Ausgang oder Platz zu finden oder wiederzuerkennen
- an der falschen Türseite oder vor der Tür des Nachbarn stehen
- einen Durchgang, der viel zu klein für die eigene Körpergröße ist, vehement passieren wollen
- planloses Umhergehen und Stehenbleiben
- das Ziel vergessen
- zeitliche Desorientierung wie Umkehr von Nacht- und Tagesaktivitäten
- nächtliche anhaltende Lautäußerungen
- Gedächtnisstörungen
- permanentes Untersuchen von Objekten oder Personen
- nach wenigen Minuten der Fütterung wieder eine neue Mahlzeit erwarten
- kein Wiedererkennen von Personen und/oder Objekten
- Aufforderungen nicht mehr verstehen oder nur mit zeitlicher Ver-zögerung
- Störung von Lernfähigkeit, Vergessen von erlernten Verhaltensweisen
- Störung der Objektpermanenz (Vergessen von verstecktem Futter oder Spielzeug)
- vergessen von sozialen Kompetenzen oder beim Erkennen von Symbolen oder Ritualen
- vergessen von Signalen
- Verlust von Motivation und Konzentrationsfähigkeit

Weitere Symptome können sein:
- nicht zum Kontext passendes Verhalten (z. B. Knurren bei Streichel-einheiten)
- Anfälle und Panikattacken
- fehlendes Spielverhalten
- verminderter Appetit, Gewichtsveränderungen

- Verlust der Stubenreinheit, Inkontinenz
- Allgemeine Apathie, Lustlosigkeit, Schwäche, verminderte Aktivitäten
- andauerndes Im-Kreis-Laufen
- leichtes oder starkes Zittern
- sich wiederholende zwanghafte Bewegungen mit lang andauernden Lautäußerungen.

Diese letzteren können allerdings auch Hinweise für Stereotypien sein. Stereotypien sind formkonstante, scheinbar funktionslose, sich wiederholende Bewegungen.

(vergl. S. Schroll/J. Dehasse, K. Hucke u. a.)

11.11 Sind Vorsorgeuntersuchungen sinnvoll?

Es empfiehlt sich bereits 1–2 Jahre vor dem Erreichen des vermuteten »individuellen Altwerdens« mit den ersten Untersuchungen zu beginnen, da es keine festen Referenzbereiche für alte Tiere gibt und so die individuellen Werte benutzt werden können. Durch das somit erhaltene individuelle Profil der Vorsorgeergebnisse lassen sich auch kleinere Veränderungen schon frühzeitig erkennen.

Empfehlenswerte Untersuchungen:

Bei gesunden Hunden liegt die Empfehlung für eine Untersuchung des Hundes bei einem jährlichen Termin. Dazu gehören der Bericht des Halters wie auch eine Anamnese des Tierarztes.

Weiterhin sind folgende Untersuchungen zu empfehlen:

Blutdruckmessung, Blutuntersuchung mit Organprofilen von Leber, Niere, Bauchspeicheldrüse, Muskulatur und Stoffwechsel sowie Überprüfung des roten und weißen Blutbildes, Harnanalyse einschließlich Sediment, Kotuntersuchung auf Parasiten, Beratung zur Ernährung, Untersuchung von Zähnen, Krallen, Haut und Fell sowie dem Gewicht.

Bei älteren Tieren mit leichten gesundheitlichen Problemen empfiehlt sich ebenfalls die beschriebene jährliche Untersuchung, allerdings zusätzlich noch mit EKG sowie einer Röntgenuntersuchung der Lunge.

Ältere Hunde aber sollten, je nach ihrem Gesundheitszustand, mindestens zweimal jährlich dem Tierarzt vorgestellt werden. Dabei ist es ist wichtig, durch eine gründliche Allgemeinuntersuchung abzuklären, ob eventuell vorhandene Anzeichen einer kognitiven Dysfunktion tatsächlich durch eine Verschlechterung der Gehirnfunktion oder aber durch andere Organsysteme verursacht werden.

11.12 Problemfelder bei der CDS von Hunden

Fachleute bemängeln, dass die Erforschung der CDS bei Hunden durch valide (belastbare) Studien nicht zufriedenstellend, ja leider sogar unzureichend sei. Dies wird sogar selbst von führenden Neurologen aus der Veterinärmedizin bestätigt.

Demzufolge leidet auch die Erforschung von Medikamenten unter einem zu geringem Interesse und hat nicht den Standard für die Entwicklung erstklassiger Medikamente, die pharmakologisch aber ohne weiteres möglich wären.

Altersdemenz bei Hunden Hinzu kommt, dass Hunde darauf angewiesen sind, dass ihre Halter genügend Wissen über eine Altersdemenz bei Hunden besitzen, wie auch die notwendige Beobachtungsgabe, um bei deutlich verändertem Verhalten des Hundes einen kompetenten Tierarzt aufzusuchen. Dies ist aber in der Praxis leider die Ausnahme!

Die Untersuchungsmethoden, nämlich die Abgrenzung von normalen Alterungsprozessen und einer CDS benötigen wesentlich mehr Forschung, da die Übergänge fließend sein können. Auch die Ursachen für die Erkrankung sind vielfältig.

Insgesamt gesehen aber werden, wie bereits ausgeführt, auch viele Hunde heute älter. Somit wird die CDS bei Hunden zunehmend – ein-

schließlich der medizinischen Versorgung der Tiere – einen Bedeutungszuwachs erfahren. Andererseits gibt es weiterhin Hunderassen, die
zuchtbedingt leider nur eine relativ kurze Lebenserwartung besitzen, wie
z. B. der Berner Sennenhund oder der Dobermann, und die mit hoher
Wahrscheinlichkeit schon aufgrund ihrer relativ geringen Lebenserwartung eine CDS nicht erleben werden.

Fazit ...

Aus den Befragungen von Neurologen, allgemeinen Tierärzten
und der aktuellen Fachliteratur ergibt sich folgendes Bild:
Das Krankheitsbild von Seniler Demenz (Hundealzheimer)
zeigt eine hohe Übereinstimmung sowohl bei der Sympto-
matik respektive den Leitsymptomen mit deutlichen Paral-
lelen zu uns Menschen, die an dieser Erkrankung leiden,
etwa bei den körperlichen Veränderungen wie auch im
Spektrum von Verhaltensveränderungen.
Während beim Menschen Demenzerkrankungen weitgehend
gut erforscht sind, hat die Erforschung dieser Erkrankung bei
Hunden erst in den letzten 10–15 Jahren langsam begonnen.
Erst nach und nach rückt CDS bei Hunden nun zögerlich in den
Fokus von Wissenschaft, Pharmakologie und Veterinärmedizin.
Demzufolge gibt es auch erst wenige aussagekräftige Studien,
die meist nur ansatzweise das Krankheitsspektrum beim Hund
erfassen, aber dabei längst nicht alle relevanten Faktoren zum
Krankheitsbild und -verlauf in den Fokus nehmen.

Damit geht auch einher, dass die Erforschung von wirksamen Medikamenten gegen die CDS bei Hunden, durch das noch viel zu geringe Interesse seitens der Verhaltensmedizin, kein zufriedenstellendes Niveau
erreicht hat.

Valide vergleichende human- und veterinärmedizinische Studien zum
Krankheitsbild und -verlauf bei Hunden und Menschen fehlen. Damit fehlt
eine artübergreifende Parallelerforschung der Erkrankung bei Mensch
und Hund mit vergleichbaren Parametern und Methoden, die nach Ansicht von Fachleuten notwendig und möglich wäre.

Hinzu kommt, dass eine erhebliche Schwierigkeit für Tierärzte meist
auch darin besteht, eine Abgrenzung zwischen altersbedingten Symptomen bei Hunden von denen auf einer CDS beruhenden Symptomen

vornehmen zu können. Weiterhin können, wie dargestellt, auch andere Erkrankungen beim Hund vergleichbare Symptome hervorrufen, wie etwa Schmerzzustände.

Ein gravierendes Problem kommt für den Tierarzt in aller Regel noch hinzu: Nur sehr wenige Hundehalter, dazu gibt es auch keine genau erfassten Zahlen, sprechen überhaupt ihren Tierarzt daraufhin an, dass ihr Hund Symptome zeigt, die auf CDS hindeuten könnten. Das ist darauf zurückzuführen, dass die allermeisten Hundehalter keine für den Tierarzt verlässlichen klinischen Beobachtungen mitteilen können, die eine eingehendere Untersuchung des Hundes zur Folge hätten. Das wiederum resultiert im Allgemeinen oft aus dem mangelnden Fachwissen von Hundehaltern über kognitive Dysfunktion bei Hunden. Meist ist die Darstellung sogar eher vage, aus welchem Grund sie mit ihrem Hund den Tierarzt aufsuchen. Ferner gibt es auch noch keine ausreichenden Standard-Frühuntersuchungen, die dem Hundehalter nahelegen, seinen Hund nach einem bestimmten Turnus auf Leitsymptome regelmäßig untersuchen zu lassen. Und zwar bevor er ein höheres Lebensalter erreicht hat.

Ein wichtiges Anliegen dieses Beitrags ist es daher auch, Hundehalter dafür zu sensibilisieren, möglichst frühzeitig das Verhalten ihres Hundes sehr genau und detailliert zu beobachten, um mögliche Veränderungen dokumentieren zu können, die auf CDS hinweisen. Sehr wichtig ist außerdem, dass Tierärzte jedem Hundehalter von Anfang an eine Check-Liste aushändigen, aus der hervorgeht, auf welche möglichen Veränderungen bzw. Leitsymptome bei Hunden zu achten ist.

(Eine entsprechenden Check-Liste/Fragebogen finden Sie unter Kapitel 12.2).

12 . Fachliche Stellungnahmen zur CDS bei Hunden und Früherkennung

Interview ...

12.1 Interview mit Dr. med. vet. Volker Finkenauer (Armsheim)

(Das Interview wurde 2013 geführt. Fragen von Barbara Wardeck-Mohr (im Folgenden mit der Abkürzung »W.-M.«), Antworten von Dr. med. vet. Volker Finkenauer (im Folgenden mit der Abkürzung »V.F.«)

1. W.-M. In Ihrer Praxis als praktischer Tierarzt erleben Sie mehr oder weniger regelmäßig Fälle von kognitiver Dysfunktion bei Hunden.
V.F. Es werden regelmäßig, doch nicht jeden Tag Fälle vorgestellt.

2. W.-M. Bei wie viel Prozent Ihrer Stammpatienten tritt dies auf?
V.F.: Die Häufigkeit liegt bei unter fünf Prozent, CDS ist also kein Massenphänomen.

3. W.-M. Sind mehr Rüden oder mehr weibliche Hunde betroffen – oder spielt das Geschlecht keine Rolle?
V.F. Ich kann bisher keinen signifikanten Unterschied zwischen der Geschlechterhäufigkeit ausmachen. Aber das wäre noch Gegenstand für einige Doktorarbeiten ...

4. W.-M. In welchem Alter beginnen häufig die ersten Anzeichen?
V.F. In den mir bekannten Fällen sind die betroffenen Hunde alle über zehn Jahren alt, meist noch älter. Da das Gehirn – wie jedes andere Organ – auch altert, können Demenzsymptome mit körperlichen Symptomen verwechselt werden und umgekehrt.

5. W.-M. Welches sind die Symptome?
V.F. Betroffene Hunde können desorientiert, abwesend oder unruhig sein. Gewohnte Wege oder Orte (z.B. Schlafplatz) werden nicht gefunden oder sind für den Hund verwirrend. Der Hund steht längere Zeit mit-

ten im Raum oder orientierungslos mit dem Kopf zur Wand. Kontrollverlust über Lautäußern oder Harn- bzw. Kotabsatz können vorkommen.

6. W.-M. Welche Symptome sind eindeutig – welche Anzeichen eher schwerer auszumachen?
V.F. Die »geistigen« Ausfälle (Orientierung, Kognition) sind nach meinem Dafürhalten eindeutig, die motorischen Ausfälle und Kontrollverluste können auch körperlichen Ursprungs sein.

7. W.-M. Mit welchen anderen Erkrankungen tritt die CDS eventuell zusammen auf – oder steht in einem potentiellen Zusammenhang?
V.F. Da CDS eine Alterserkrankung ist, kommen gleichzeitig auch andere geriatrische Erkrankungen vor, wie Gelenk-, Herz-, Nierenleiden. Beide haben eine gemeinsame Ursache, bedingen aber einander nicht.

8. W.-M. Wie schätzen die Halter dann ihren demenzkranken Hund meist ein?
V.F. Nachlassendes körperliches Leistungsvermögen wird eher akzeptiert als Demenz. Allerdings kann Inkontinenz des Hundes auch schon zu einer sehr unwürdigen Situation führen.

9. W.-M. Erkennen die Halter das Krankheitsbild ihres Hundes- oder meinen die Halter oft, ihr Hund sei nur stur?
V.F. Die meisten Hundehalter erkennen irgendwann, dass ihr Hund sich krankhaft verändert hat und konsultieren den Tierarzt.

10. W.-M. Welche Therapiemaßnahmen ergreifen Sie als Tierarzt?
V.F. Um ehrlich zu sein: Es gibt keine hundertprozentige Therapie. Ich versuche, analog zur Therapie beim Menschen, dem Organismus mit geriatrischen oder durchblutungsfördernden Stoffen (Ging-

ko, Ginseng, Propentophyllin) zu helfen. Oder ich ermögliche ein würdevolles Ende, wenn alles unzumutbar wird.

11. W.-M. Gibt es gezielte Präventionsmaßnahmen, die jeder Hundehalter berücksichtigen kann?
V.F. Altersgerechte Ernährung und Bewegung sind sicher sehr sinnvoll.

12. W.-M. Welche Rolle spielen die Kopfarbeit, regelmäßige Bewegung, eine abwechslungsreiche Lebensgestaltung für den Hund als Präventionsmaßnahmen?
V.F. Analog zum Menschen, dem ja auch ein lebenslanges Lernen empfohlen wird, sind geistige Anregungen sicher wichtig für den alten Hund. Bewegung im Rahmen seiner Möglichkeiten tut dem Hund und Menschen gut.

13. W.-M. Besteht durch Überzüchtung ein höheres Risiko?
V.F. Nein. Zuchtbedingte Krankheiten führen sicher schon viel früher zu Problemen, bisweilen sogar zum Tode.

14. W.-M. Sind bestimmte Hunderassen von CDS häufiger betroffen als andere? Wenn ja, welche?
V.F. Das weiß ich nicht. Es muss dann eine Hunderasse sein, die ein hohes Alter erreicht.

15. W.-M. Kann auch eine bestimmte Ernährung der CDS vorbeugen oder diese fördern.
V.F. Einige Nahrungsbestandteile (Zellschutzvitamine A und C bzw. Omega-3-Fettsäuren) sollen einen prophylaktischen Nutzen haben. Aber das weiß keiner so genau. Spannender sind die Forschungen der Humanmediziner auf dem Amyloid- und Alzheimer-Sektor. Da werden vielversprechende Medikamente entwickelt, die aber auf absehbare Zeit für uns unbezahlbar bleiben.

12.2 Check-Liste und Fragebogen für Hundehalter
Senile Demenz bei Hunden rechtzeitig erkennen!

Das frühzeitige sichere Erkennen einer kognitiven Dysfunktion bei Hunden ermöglicht eine zeitnahe professionelle medizinische Behandlung. Sie ist für den Verlauf der Krankheit sowie für die Lebensqualität des erkrankten Hundes von größter Bedeutung.

Das kognitive Dysfunktions-Syndrom ist unheilbar und führt zu degenerativen, irreversiblen, also nicht rückgängig zu machenden Veränderungen im Gehirn. Bei Hunden wird diese Erkrankung umgangssprachlich auch als »Hunde-Alzheimer« tituliert.

Achten Sie daher als Hundehalter auf die folgenden fünf Leitsymptome:

1 Desorientiert-Sein (Hauptleitsymptom!)
2. Verändertes Interaktionsverhalten gegenüber bekannten Menschen und Tieren
3. Störungen und Veränderungen im Schlaf-Wach-Rhythmus
4. Verlust bzw. Einschränkung der Stubenreinheit
5. Änderungen bei Aktivitäten und beim Verhalten.

Bitte beachten Sie, das ein einzelnes Symptom allein auch beim Hund nicht ausreicht, um »Hunde-Alzheimer« sicher diagnostizieren zu können. Auch andere Erkrankungen, wie ein eingeschränktes Seh- und Hörvermögen oder schmerzbedingte Prozesse, können zu vergleichbaren Symptomen führen. Hier ist immer der Tierarzt möglichst schnell zu konsultieren um dies abgrenzen zu können.

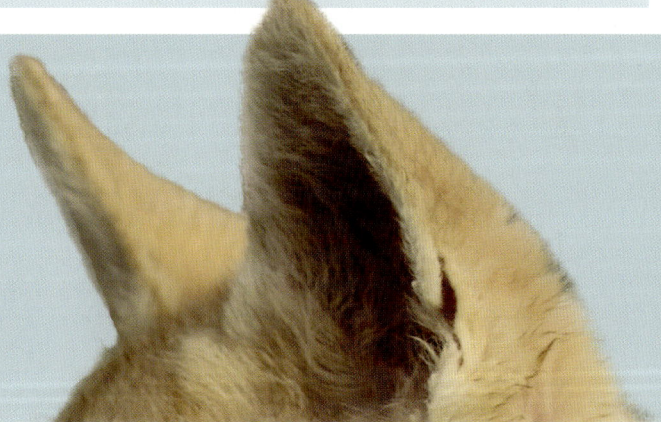

Konkrete Anzeichen für kognitive Dysfunktion bei Hunden können sein:

- Desorientiertes Herumwandern, an der falschen Stelle oder Tür-Seite warten
- Ins-Leere-Starren
- den eigenen Besitzer nicht mehr erkennen
- reduzierte Interesse an Zuwendung
- geringes Interesse an Spielzeug oder an einer Kontaktaufnahme;
- Stimmungsschwankungen
- erhöhte Reizbarkeit
- Vermehrtes Schlafbedürfnis vor allem tagsüber
- nachts hingegen unruhiger und eher geringer Schlaf
- Unsauberkeit, Verlernen der Stubenreinheit
- reduziertes Anzeigen von Urin- und Kot-absetzen-Wollen
- Stereotypes Auf- und Ab-Laufen
- Orientierungslosigkeit
- wenig zielgerichtete Aktivitäten
- geringes Interesse an der Umgebung

Was kann der Hundehalter tun?

1. Den Hund bereits als Junghund gut beobachten, um dessen individuelles Verhaltensrepertoire beschreiben und erfassen zu können.

2. Auf Veränderungen beim Verhalten des Hundes bei den ersten vorgenannten Anzeichen achten und diese protokollieren; möglichst bei Veränderungen täglich und zeitnah. Das Tagebuch dann dem Tierarzt vorlegen.

3. Erst aufgrund einer Symptom-Entwicklung, die sich nur über ein regelmäßiges Abfragen von Leitsymptomen erschließt, wird eine Diagnose möglich. Dabei sollte der Hundehalter über genaue Protokollierung anhand eines Fragebogens dem Tierarzt präzise Auskunft geben können.

4. Bei Verdacht auf Demenz sollte der Hund bis zur genauen Abklärung monatlich dem Tierarzt vorgestellt werden.

Beispiel für Fragebogen/Beobachtungstagebuch:

1. Welches veränderte Verhalten zeigt ihr Hund und seit wann?
2. Wie häufig tritt dieses auf?
3. Ausprägung der Veränderungen: graduelle Abstufung, z. B. von 1–6
4. Beschreiben Sie, wann und in welchem Kontext der Hund diese Verhaltensveränderungen zeigt!
5. Kommen weitere neue Veränderungen/Symptome hinzu?
6. Treten diese zunehmend häufiger und intensiver auf?
7. Wurden andere medizinische Ursachen von einem Tierarzt bereits ausgeschlossen?
8. Wann wurde ihr Hund zuletzt gründlich untersucht, z. B. auch Labor, Thorax?
9. Weitere Beobachtungen, z. B. auch veränderte Lebensumstände/Stress in der Familie

(Fragebogen und Check-Liste in Kooperation mit Dr. med. vet. Volker Finkenauer)

Ob nun als Hundeverhaltensberater, Hundetrainer oder einfach als Hundehalter, für uns alle gilt der Satz von Antoine de Saint-Exupery:

»Du bist verantwortlich für das, was du Dir vertraut gemacht hast!«

13. Über den Mythos von gefährlichen Hunden

13.1 Weshalb faktisch gefährliche Hunde die Ausnahmen sind

Hunden wird leider allzu oft ein Normalverhalten nach verhaltensbiologischen Kriterien schlichtweg abgesprochen! Hinzu kommt, dass populistische Spekulationen und reißerische Medienberichte über die angebliche Gefährlichkeit bestimmter Hunderassen leider die unhaltbare Grundlage für die Mehrheit von Landeshundegesetzen in deutschen und österreichischen Bundesländern und auch in Schweizer Kantonen darstellen. Und dies, obwohl ein Generalverdacht der Gefährlichkeit von Hunden allein aufgrund von Rassezugehörigkeit wissenschaftlich längst und weltweit völlig ad absurdum geführt wurde.

Unsinniger Generalverdacht

Es gibt wohl kaum ein Thema, über welches häufig, meist emotional diktiert – und fachlich unsachlich so vehement diskutiert wird, wie über das Thema »Gefährliche Hunde«. Und es gibt kaum ein Thema, das derart die Gemüter mit wilden Spekulationen erhitzt. Spekulationen allerdings stiften nur Verwirrung und sorgen dafür, dass sich unsere Gesellschaft ihrer Verantwortung gegenüber Hunden weiterhin und leider weitgehend entzieht.

13.2 Stigmatisierung bestimmter Hunderassen – Betrachtungen aus der Psychoanalytik

Zunächst soll der Frage nachgegangen werden, ob uns vielleicht bei der Diskussion über sogenannte gefährliche Hunde mit einer a priori-Stigmatisierung allein aufgrund von Rassezugehörigkeit die Psychoanalytik weiterhelfen kann.

Fakt ist: In der Humanpsychologie sind Schuldzuweisungen eines Täters gegenüber Opfern, wie etwa »Du hast mich provoziert« oder sogar »Du hast es verdient« nichts Neues.

Damit erfolgt eine Rechtfertigung für das eigene Fehlverhalten, ohne Einsicht oder gar Reue. Eine Überprüfung des eigenen Verhaltens scheidet aus. Verantwortung für die Tat wird damit auch nicht übernommen. Tritt nun auch noch eine Vorverurteilung gegenüber anderen In-

»Lebensschule«

dividuen oder Gruppen auf, so wird nach Erfüllung dieses Vorurteils im Sinne des Andorra-Phänomens von Max Frisch gesucht. Dies bedeutet abgewandelt auf unsere Hunde: Ein Verhalten, welches jemandem zugeschrieben wird, soll sich unbedingt auch erfüllen. Nun stellt sich kurzum gesellschaftlich überhaupt nicht mehr die Frage, wie ich mich als Sozialpartner für Hunde qualifiziere. Diese Beispiele lassen sich beliebig fortsetzen: Es beginnt bereits damit, dass Kinder mit dem MÄRCHEN, wie »ROTKÄPPCHEN und der BÖSE WOLF« mit Stigmatisierungen in Angst und Schrecken versetzt werden. Was für ein wissenschaftlich unhaltbarer und unverantwortlicher Unsinn! Mit der Folge, dass Wölfe weltweit gnadenlos verfolgt und regional sogar ausgerottet wurden! Wölfe sind ausgesprochen freundliche und soziale Raubtiere, bei denen der Mensch nicht »auf der Speisekarte« steht. Leider werden nach wie vor Wölfen all diejenigen »Eigenschaften« angedichtet, die vielmehr menschliches Ver-

Kontrolliertes
Aggressionsverhalten

halten charakterisieren können, wie hinterhältig, verschlagen und gefährlich sein. Anthropologen (Menschenkundler) weisen seit Cicero nachdrücklich auf die ungezügelte Gewaltbereitschaft der Spezies Mensch hin. Eine Spezies, die als »Konfliktlöser« unter den Säugetieren weit hinter den Kaniden steht! Ja, Wölfe und Hunde sind die besseren Konfliktlöser, von denen wir vieles lernen können! Dies bestätigt auch David Mech bei seinen 13 Jahren Wolfsbeobachtungen im Kanadischen Ellesmere Island: In geschlossenen Wolfsrudeln beobachtete er in 13 Jahren keinen einzigen Beschädigungskampf! Das wäre bei Menschen hingegen wohl kaum vorstellbar!

13.3 Was ist unter gefährlichen Hunden zu verstehen?

Bei der Diskussion und Tatsachenfeststellung über gefährliche oder nicht gefährliche Hunde sind zwingend präzise fachliche Unterschiede zu machen, was aber leider fast nie geschieht. Wollen wir eine ernsthafte und valide Diskussion über die potentielle Gefährlichkeit von Hunden führen, so dürfen Kontexte nicht allesamt in einen Topf geworfen und wild verquirlt werden! Worin also bestehen die relevanten Unterscheidungsmerkmale?

Es sind zu unterscheiden:

1. Sogenannte »Rasselistenhunde«, also vermutet gefährliche Hunde, was rein spekulativ und durch nichts bewiesen wird und somit eine unsinnige Vorverurteilung von Hunden mit bestimmter Rassezugehörigkeit darstellt.

2. Hunde, die aufgrund von sinnvollem und überlebensnotwendigem verhaltensbiologischen Inventar in jenen Situationen zubeißen, in denen sie sich selbst oder ihren Halter in äußerster Bedrängnis und zur Verteidigung veranlasst sehen. In diese Kategorie fallen auch Hunde, die aufgrund einer erlebten Bedrohung zubeißen, weil ihre Ausdruckssignale, wie z.B. »Halte Abstand!«, einfach ignoriert werden. Dies beispielsweise bei Distanzunterschreitungen durch andere Individuen. Bereits Konrad Lorenz wies vor weit über 50 Jahren auf diese Zusammenhänge hin und hob hervor, dass Aggressivität als normales sinnvolles verhaltensbiologisches Inventar zu begreifen ist.

3. Temporäre Gefährlichkeit eines Hundes, z. B. über schmerzbedingte Aggressionen, hormonelle Dysfunktionen (Schilddrüse) oder limbische Epilepsie, u. a. gesundheitliche Probleme. Statistisch gesehen, stehen etwa 40 % der unvermittelt auftretenden Beißvorfälle mit gesundheitlichen Problemen im Zusammenhang.

4. Faktisch gefährliche Hunde: Bei faktisch und erwiesenermaßen gefährlichen Hunden liegen meist sehr vielfältige und unterschiedliche Genesen (Entstehungszusammenhänge) zugrunde. Diese Zusammenhänge sind stets individuell und bezogen auf eine einzelne Hundepersönlichkeit.

Anmerkung:

Wie kommen Menschen immer wieder auf die Idee, dass Hunde kein Interesse am eigenen Überleben haben, z. B. wenn sie in schwerster Form provoziert und genötigt werden? Dies muss nicht selten sogar bei behördlich angeordneten Wesenstests konstatiert werden, die oft tierschutzrelevant und ein Fall für den Staatsanwalt sind. Hingegen versagen diese Tests aber häufig völlig darin zu klären und zu testen, was zu testen ist, nämlich festzustellen, ob ein Hund ein unkontrolliertes und inadäquates Aggressionsverhalten zeigt.

13.4 Häufigste Entwicklungen (Ontogenese) bei gefährlichen Hunden

Hierbei sind vorrangig zu nennen:

- Schwerwiegende Fehlentwicklungen und Fehlprägungen in der Junghundeentwicklung
- Isolation und Reizentzug (Deprivation) oder gewaltgeprägte Haltungs- und Ausbildungsbedingungen.
- Ebenso geht potentiell eine höhere Gefahr von Hunden aus, deren Leben von Angst, Unsicherheit, Stress und von verhaltensbiologischen Einschränkungen gekennzeichnet ist. Dazu gehören auch Hunde aus sog. Hundefabriken, die in der sensiblen Phase für eine notwendige Lebensschule weder eine Sozialisation gegenüber Artgenossen noch gegenüber Menschen erlernen konnten.
- Hunde mit gänzlich gestörter Individualontogenese und ohne Erfahrungen mit Sozialspiel und ohne Erlernen von Kommunikationsformen mit anderen Tieren. Dies mit der Folge fehlender Erfahrung, wie Konflikte kommunikativ gelöst werden können. Das führt zwangsläufig zu unangemessener, übersteigerter und unkontrollierter Aggression mit inadäquatem Angriffs- und/oder Abwehrverhalten. Nicht zuletzt erfolgt dieses Fehl-Verhalten aus Unsicherheit und Angst.
- Dies trifft auch für die allermeisten Hunde zu, die restriktiv und isoliert in Zwingern aufgewachsen sind- und/ oder dort gehalten werden. Die isolierte Zwangshaltung von Hunden in Zwingern ist sehr oft Ursache für bissige oder nach menschlichen Maßstäben schwierige Hunde.
- Weiterhin ist das soziale Umfeld insbesondere mit unkontrolliert geführten Rivalitäten und Konflikten mit Artgenossen hier zu benennen.
- Ebenso hat das soziale Gefüge, in dem ein Hund lebt, auch zum Zeitpunkt des Übergriffs wie z. B. Tötung eines Menschen oder Tieres bzw. bei schwerer Körperverletzung, maßgeblichen Einfluss.

- Nach solchen schwerwiegenden Attacken muss sich zwingend die fachlich notwendige Begutachtung anschließen, wie es überhaupt zum Vorfall kam, auch hinsichtlich des Auslösers oder der Frage, welche Eskalationsstufen oder Drohsignale gezeigt wurden. Nicht zuletzt muss auch die Frage gestellt werden, was das Fass zum Überlaufen gebracht hat. Leider fehlt es häufig an der Analyse und der Vorgeschichte zum Beißgeschehen, was aber die fachlich notwendige Grundvoraussetzung jeder validen Beurteilung darstellt.
- Das Mensch-Hund-Team nimmt auch eine hervorragende Stellung ein, insbesondere auch bei der Fragestellung, ob von diesem besondere Gefährdungspotentiale ausgehen können.
- Weiterhin sind für das Hundeverhalten auch unberechenbare und/ oder unkontrollierte menschliche Stimmungsschwankungen und deren Übertragung auf den Hund nicht zu unterschätzen: Insbesondere, wenn ein Hund diese überhaupt nicht mehr kontextbezogen zuordnen kann und ihm somit auch die Sicherheit im Sozialgefüge mit seinem Menschen geraubt wird.
- Somit betonen Hunde-Experten und Wissenschaftler immer wieder die Ergebnisse ihrer Forschungsarbeiten hinsichtlich des Gefahrenmoments bestimmter Mensch-Hund-Konstellationen, welches einen bestimmten Hund gefährlich werden lassen kann. Hier ist auch keinesfalls nur an Mensch-Hund-Teams aus dem Milieu zu denken oder an Hunde, die einem Hyperaggressionsdrill unterworfen wurden.

13.5 Wie agieren faktisch gefährliche Hunde?

Dies kann sich insbesondere auch durch unvermittelte Angriffe bzw. Beißattacken äußern, die nicht durch das Ausdrucksverhalten in Etappen kommuniziert werden. Es fehlt also eine Einhaltung der folgenden sechs Eskalationsstufen. Auch unvermutete und unberechenbare Verhaltensmuster sind bei faktisch gefährlichen Hunden als Merkmal zu nennen. Die ethologischen Zusammenhänge für hundliches Verhalten sind äußerst komplex und unterliegen vielfältigen Zusammenhängen in den jeweiligen Situationen und Kontexten und sind meist auch stimmungsabhängig. Auch Umwelteinflüsse, Sozialpartner, gesundheitliche Kontexte sowie der aktuelle Stresslevel spielen eine wesentliche Rolle. Bei faktisch gefährlichen Hunden fallen die folgenden sechs Eskalationsstufen im Ausdrucksverhalten teilweise oder ganz aus:

Verhaltensmuster

1. Distanzdrohen, Zähne-Blecken
2. Distanzunterschreitung, Abwehrschnappen
3. Drohen mit Körperkontakt, Über-die-Schnauze-Beißen
4. Queraufreiten, Runterdrücken
5. Anrempeln, gehemmte Beschädigung
6. Beißen, Beißschütteln, Töten

Aggressivität eines Hundes ist nicht von vornherein mit dessen Gefährlichkeit gleichzusetzen, sondern hat den Auftrag streng determinierte biologische Zielsetzungen zu erfüllen. Erst wenn die eigene Aggressivität von einem Hund nicht mehr kontrolliert werden kann, führt dies zu seiner potentiellen Gefährlichkeit.

Wenn es nun um unsere Hunde geht, so wird von ihnen erstaunlicherweise oft sogar erwartet, dass sie sich verhaltensbiologisch völlig a-typisch verhalten – was unter Umständen bedeuten würde, dass sie kein Interesse am eigenen Überleben haben, z. B. bei Bedrängnis, Misshandlung oder dass sie im Ernstfall keine Selbstverteidigung betreiben. Hunden wird leider allzu oft ein Normalverhalten nach verhaltensbiologischen Kriterien schlichtweg abgesprochen.

Eine Auseinandersetzung mit diesem Themenkomplex ist auch deshalb besonders wichtig, da gezeigte Stress- und Angstsignale oder Formen des Drohverhaltens, der Agonistik (Kampf, Flucht-Drohverhalten) über das Ausdrucksverhalten von Hunden gesellschaftlich nur selten richtig erkannt werden. Oder es wird dem Ausdrucksverhalten keine besondere Beachtung geschenkt.

Stress- und Angstsignale

13.6 Normalverhalten von Hunden in verhaltens-biologischen Funktionskreisen

Hundeverhalten und Funktionskreise

1. Ernährungsverhalten

Dazu gehören: Nahrungserwerb wie z.B. der Milchtritt, das Pföteln, Lecken, Futtersuche oder Futterbetteln, das Suchpendeln, Schnauzen-Stoßen, aber auch das Anschleichen, Verfolgen, Angreifen oder Töten gehören hierzu. Beim Ernährungsverhalten wird weiterhin unterschieden zwischen: Nahrungsaufnahme mit beschnuppern, betasten, lecken, trinken, schlucken, dem Transport von Nahrung mit Futteraufnahme, dem Schleppen von Futter, (vorläufiges) Runterschlucken, späterem Hervorwürgen oder der Futteraufbewahrung, z.B. in einem Versteck.

2. Ausscheidungsverhalten

Dies zeigt sich u.a. über das Aufsuchen einer geeigneten Lokalität, dem Urinieren, Riechen, Kreisgehen, Koten oder Verscharren.

3. Sozialverhalten

a) Verhalten bei Geburt und Aufzucht: Graben, respektive Herrichten eines Wurflagers, Kontaktliegen, Austausch von Schnauzen-Zärtlichkeiten. b) Infantil-Verhalten mit Nahrungsaufnahme und Exploration, wie Mundwinkellecken, saugen, Milchtritt. c) Spielverhalten, z.B. Spielgesicht aufsetzen, pföteln, hopsen, anspringen. d) freundliche Stimmung kommunizieren, z.B. Umeinanderlaufen, drängeln. e) neutrale Stimmung kommunizieren, wie z.B. sich belecken, Schnauzen-Kontakt, Laufen bzw. hintereinander oder nebeneinander gehen. f) Imponieren, wie z.B. über »hölzerne Gangart«, Haltung und Rute sind aufrecht, meist Blick am Gegenüber vorbei. g) Verhalten von Unterwürfigkeit und Demut über angelegte Ohren oder mit »welpisch« glatt gezogenem Gesicht, ein »Sich-kleiner-Machen«, Blickvermeidung, Schwanzhaltung eher niedrig,

aber oft mit heftigem – auch beschwichtigendem – Rutenschlag. h) Ein Aggressionsverhalten ist auch als Teil des Sozialverhaltens (z. B. über eine Grenzsetzung) zu deuten, wie z. B. über Zähneblecken, Nackenhaare aufstellen, Starrblick aufsetzen, Knurren, anrempeln, »in die Luft beißen« – im Ernstfall bis hin zum Beschädigungskampf

4. Sexualverhalten
Dies zeigt sich über (penetrantes) Folgelaufen, Urin- und Genitalbereich beriechen, Genitallecken, herandrängeln, sich präsentieren, Aufreitversuche

5. Explorationsverhalten
a) Auch mit Feindvermeidung oder Nahorientierungsverhalten zur Exploration der Lage; Bodenwitterung aufnehmen, betasten, etwas anstoßen. b) Fernorientierungsverhalten, z. B. beobachten, Ohren spitzen, vorstehen, differenzierte Lautäußerungen abgeben, den Kopf schräg halten. c) Feindvermeidung über Flucht- und Meideverhalten

6. Komfortverhalten
Dies zeigt sich über ein Sich-Schütteln, Sich-Beknabbern, sich lecken und wälzen, über eine ausgedehnte Fellpflege.

7. Ausruhverhalten
Dazu gehört das Gähnen, stehen, sich setzen oder niederlegen, oft zuvor auch mit Kreistreten oder schlafen.

8. Agonistisches Verhalten
Droh-, Kampf- und Fluchtverhalten: Drohverhalten mit Offensiv- und Defensivdrohen sowie Distanzdrohen, Drohfixieren, Anstarren des Gegenübers, Zähne-Blecken mit und ohne Maul-Aufreißen, Nackenhaare aufstellen.

13.7 Aggressionsverhalten von Hunden richtig verstehen

Der Irrtum beginnt damit, dass Aggression und Aggressivität gesellschaftlich weitgehend und von vornherein ausschließlich negativ besetzt sind. Dies, obwohl, Konrad Lorenz bereits in den 50-er Jahren des letzten Jahrhunderts in seinem Werk: »Das sogenannte Böse« ein Plädoyer für die unabdingbare verhaltensbiologische Notwendigkeit der Aggression als Bestandteil zum Überleben hielt!

Aggressives Verhalten bei Hunden wird sogleich mit »ihrer Gefährlichkeit« gleichgesetzt. Dies aber ist keinesfalls zutreffend, da Hunde ausgezeichnete »Konfliktlöser« sind, die ihre Aggressivität statistisch gesehen weitaus besser unter Kontrolle haben als wir als Menschen. Allerdings mit der Einschränkung, soweit wir als Menschen bei Hunden nicht durch Zucht, Haltungs- und Ausbildungsfehler massive Verhaltensstörungen induziert haben oder nicht in ihr Sozialverhalten destruktiv eingegriffen haben.

»Konfliktlöser«

In der Wissenschaft gibt es eine Vielzahl an Definitionen von Aggression, wobei insbesondere zwischen adäquater und auch kontrollierter Aggression – also einer verhaltensbiologisch sinnvollen, normalen Aggression – und einer inadäquaten unterschieden werden muss! Bei einer inadäquaten Aggression erfolgt z. B. keine Aggressionskontrolle mehr, wenn Hunde dann unvermittelt und ohne jede Vorwarnung zubeißen.

Kriterium Aggressionskontrolle

13.8 Zum Aggressionsverständnis von Hunden

Über verschiedene Aggressionsformen werden die eigenen Interessen eines Individuums gewahrt oder gegen den Widerstand anderer durchgesetzt oder auch nicht durchgesetzt. So ist dies auch bei Hunden der Fall. Aggressionen in ihren verschiedenen Ausprägungen sind sowohl vom einzelnen Individuum, dessen Veranlagung bzw. dessen Individualentwicklung wie auch von der aktuellen individueller Erregung eines Lebewesens abhängig. Auch die Gesamtverfassung eines Tieres sowie der gegebene situative Kontext spielen eine wesentliche Rolle.

Ein Beispiel aus der Praxis verdeutlicht dies:
Ein Hund wird regelmäßig misshandelt, sanktioniert und abgestraft. Dieser Hund fühlt sich permanent bedroht und in Gefahr, selbst an Tagen, wo er nicht irgendwelchen gewaltsamen Übergriffen ausgeliefert ist. Allein die Nähe seines Peinigers versetzt den Hund in Alarmbereitschaft, selbst wenn dieser betrunken im Tiefschlaf neben dem Hund liegt. Aus Sicht des Hundes bleibt dieser Mensch gefährlich – gleich was er tut oder nicht

tut. Somit wird der Hund bei jeder Annäherung oder Bewegung ein aggressives Defensiv- oder Offensivverhalten zeigen, auch gegenüber Personen, die den Hund über Kleidung oder Verhalten an seinen Halter erinnern.

Dies macht verhaltensbiologisch durchaus Sinn. Denn würde der Hund diese Verhaltensmuster in dem beschriebenen Kontext einstellen, ist davon auszugehen, dass er bereits resigniert hat bzw. so schwer depressiv wurde, dass sein angeborener Selbstschutz nicht mehr funktioniert. In der Fachsprache wird dieses Phänomen auch als »Erlernte Hilflosigkeit«, als Sonderform einer Depression bezeichnet.

Beispiel »Rollentausch«: »Mit den Augen der Hunde«
Angenommen wir würden als Menschen in einer Fußgängerzone die Ebene eines Hundes in einer Hocke oder Kniehaltung einnehmen, wie würden wir das menschliche Treiben um uns herum wahrnehmen? Menschen übersehen uns in der beschriebenen Sitz- oder Kniehaltung, rempeln uns an, fahren mit Skateboards oder Fahrrädern auf uns zu oder uns sogar an. Und das alles geschieht zudem in einer ohrenbetäubenden Lärmkulisse! Wie lange würden wir diese Situation überhaupt aushalten? Und wie lange würden wir dies aushalten, ohne darauf mit Aggressionsverhalten zu reagieren?
Übrigens: Manchen Hunden mutet man das tagtäglich stundenlang zu! Vielleicht sollten wir als Menschen einfach viel öfter einmal der Frage nachgehen: »Würde ich das selbst als Hund aushalten wollen oder können« und »was mute ich da eigentlich meinem Hund überhaupt zu?«

Sämtliche Aggressionsformen sind funktionellen, phänomenologischen wie auch verhaltensbiologischen Gesichtspunkten zuzuordnen, wie z. B.:
1. Zur Selbstverteidigung
2. Jungtierverteidigung/mütterliche Aggression
3. Gruppenverteidigung
4. Aggressionen aufgrund mangelhafter Sozialisierung
5. Aggression bei sozialer Exploration/Rangordnungskampf
6. Spielaggressionen
7. Futterverteidigung
8. Territoriale Aggression
9. Schmerzbedingte Aggression
10. Angstbedingte Aggression
11. Aggression bei Angst und Ausweglosigkeit, z. B. keine Fluchtmöglichkeiten
12. Aggression bei sexueller Rivalität
13. Aggression unbekannter Ursache/Idiopathische Aggression

Zu Punkt 13 gehören auch Obsessiv-Kompulsive-Störungen (OCSD), also zwanghaftes selbst- zerstörerisches Verhalten. Wie bereits ausgeführt, ist Aggressionsverhalten von Hunden Teil des Sozialverhaltens und kann sich über Zähneblecken, Nackenhaare aufstellen, Starrblick aufsetzen, Knurren, anrempeln, in die Luft beißen ausdrücken. Oder es reicht im Ernstfall bis hin zum Beschädigungskampf.

13.9 Häufigste menschliche Fehler im Umgang mit Hunden

Lang und oft lückenlos ist die Liste von Fehlern in unserer Gesellschaft im Umgang mit unseren Hunden! Dies entweder aufgrund fehlender Kenntnisse oder aus Ignoranz oder oft auch aus Selbstüberschätzung!

Dazu seien auszugsweise genannt:

1. Das Ausdrucksverhalten von Hunden nicht einmal in Grundzügen erlernen wollen oder nicht beobachten oder gar ignorieren
2. Hunde aus deren Sicht bedrohen, indem sich fremde Personen über sie beugen und die Hunde streicheln wollen
3. Distanzunterschreitungen – obwohl der Hund signalisiert: »Komm jetzt nicht näher!« oder »Du bist schon zu nahe!«
4. Wenn Kinder sich schreiend Hunden nähern oder sich vor ihnen auf den Boden werfen
5. Hunde als »Erfüllungsgehilfen« ohne Respekt und Einfühlungsvermögen betrachten
6. Hunde nach dem Exterieur und nicht nach der Fragestellung auswählen: »Welcher Hund passt zu mir und welche Grundbedürfnisse hat er?«
7. Keinerlei Vorinformation über den Hund und seine Biographie einholen
8. Die Funktionskreise von »hundlichem« Normalverhalten nicht verstehen oder missachten
9. Ausdruckssignale von »Droh-, Kampf- oder Fluchtverhalten« bei einem Hund von vornherein gleichsetzen mit »Gefährlichkeit eines Hundes« und darauf fehlreagieren, z.B. mit Panik, Hysterie oder Maßregelung des Hundes
10. Gewalttätige Haltungs- und Ausbildungsmethoden, wie z.B. über Teletaktgeräte (Stromfolter), Würger, Stachelhalsbänder. Dies alles sind tierschutzrelevante Methoden, die auch strafrechtliche Konsequenzen haben!
11. Hunden Deprivation, also Reizentzug zumuten, z.B. über isolierte Haltung ohne Sozialkontakte, ohne Ansprache oder auch über restriktive Zwingerhaltung
12. Hunde überfordern: Zu hoher Lärmpegel, Menschenansammlungen, Stressoren, verschiedenster Art, ihnen keine Rückzugsmöglichkeiten gewähren. Gezeigte Stress-Signale des Tieres »einfach überfahren«.
13. Auf das Verhalten des Hundes zu spät und falsch reagieren. Immer wieder ist zu betonen: Hunde können nur innerhalb von 2–3 Sekunden zu ihrem Verhalten Lob oder Tadel verknüpfen. Oft werden Hunde auch noch für »richtiges Verhalten« »bestraft«, da die Reaktionszeit und Beobachtungsfähigkeit der Halter »hinterherhinken«!
14. Übertragung von eigener schlechter Laune, übler Stimmung, Angst, Stress auf den Hund

Wir sollten uns stets vor Augen halten: Hunde und Wölfe erziehen ihren Nachwuchs, konsequent, spielerisch, liebevoll und gewaltfrei! Ein Programm, welches für die menschliche Sozialisierung ebenfalls dringend nötig wäre, insbesondere auch vor dem Hintergrund zunehmender weltweiter menschlicher Gewaltbereitschaft und angesichts zunehmender Grausamkeiten, sowohl untereinander, wie auch vor allem gegenüber Tieren.

13.10 Weshalb Hunde-Rasselisten keinen Beitrag zur »Gefahrenabwehr« leisten

Die ethologischen Zusammenhänge für »hundliches« Verhalten sind wie ausgeführt, multifaktoriell, komplex und sie unterliegen vielfältigen situativen Faktoren. Dies jeweils in verschiedenen situations- und stimmungsabhängigen Kontexten. Damit sind sie ebenso auch abhängig von Umwelteinflüssen, Sozialpartnern, von gesundheitlichen Zusammenhängen oder nicht zuletzt vom aktuellen Stresslevel eines Hundes, und dies wiederum an einem bestimmten Tag und zu einer bestimmten Stunde.

Rasselisten hingegen übergehen vollständig diese Zusammenhänge. Stattdessen kriminalisieren sie Hunde bestimmter Rassen a-priori – bereits von Geburt an – und stellen sie unter den Generalverdacht der Gefährlichkeit! Dies nicht nur in Deutschland oder Österreich, sondern auch in Schweizer Kantonen oder in französischen Departements und bis zum Jahre 2008 war das auch in den Niederlanden der Fall. *Rasselisten*

Dies, obwohl als weltweiter wissenschaftlich anerkannter Standard gilt: Es gibt keine gefährlichen Hunderassen! Jeder Hund kann theoretisch und rasseunabhängig zubeißen! Rasselisten sind keinesfalls einheitlich, sondern werden regional willkürlich immer wieder neu verändert und zusammengestellt. »Rasselisten-Hunde« werden lebenslänglich mit Maulkorb- und Leinenzwang traktiert. Nicht nur aus tierschutzrechtlichen Erwägungen ist dies eine unzumutbare Härte für die betreffenden Hunde, die diesen Zwängen gesetzlich unterworfen werden, obwohl sie bisher überhaupt nicht auffällig geworden sind.

Es sind Akte menschlicher Willkür, Ignoranz und Dummheit, die Hunde unter den Generalverdacht der Gefährlichkeit bereits a-priori stellen. Vor allem verkennen Gesetzgeber dabei, dass Hunde über einen restriktiven Maulkorb- und Leinenzwang nur äußerst eingeschränkt ihr Kommunikations-Repertoire mit anderen Hunden einsetzen und trainieren können. Und gerade durch diesen Trainingsmangel werden Hunde nicht nur umweltunsicherer, sondern dadurch treten bei diesen auch Kommunika- *Maulkorb- und Leinenzwang* tionsmissverständnisse häufiger auf als bei Hunden, die »frei sprechen« können. Nachgewiesen ist somit auch, dass durch diese Auflagen häufig erst Konfliktsituationen mit anderen Hunden entstehen und in vielen Fällen dadurch geradezu heraufbeschwören werden.

13.11 Lösungswege zu einem verantwortungsvollen und sicheren Umgang mit Hunden

Wie ausgeführt, fördern Rasselisten insofern sogar Beißvorfälle und gaukeln zudem eine Scheinsicherheit vor, die auch verhindert, daß sich Hundehalter und Bürger für den Sozialpartner Hund qualifizieren müssen, so, wie es seit Jahren in der Schweiz obligatorisch ist.

Selbstverständlich müssen wir lernen Hunde in ihrem Ausdrucksverhalten, in ihrer Vokalisation, kurzum in ihrer gesamten Verhaltensbiologie durch profundes Fachwissen zu verstehen!

Zum einen ist das Ausdrucksverhalten von Hunden in den Grundstrukturen genetisch fixiert. Es muss dazu aber lebenslänglich in fein nuancierten und differenzierten Abstufungen – nennen wir es »Feintuning« – nicht nur im Prägungslernen weiterentwickelt und verfeinert werden. Zum einen im Umgang mit anderen Hunden, zum anderen auch im Umgang mit uns Menschen! Es sind also lebenslängliche Kommunikationsübungen und Erfahrungen – vor allem auch in der artübergreifenden Kommunikation zwischen Hund und Mensch dringend notwendig! Und obwohl sich dies gesellschaftlich längst weitgehend herumgesprochen hat, werden vom Gesetzgeber immer noch keine Qualifikationen für Hundehalter oder ein Schulfach »Heimtierkunde« verlangt!

Völlig unverständlicherweise wird nach wie vor auch auf ein Heimtierzuchtgesetz verzichtet. Dies, obwohl die Zusammenhänge von Zucht, Gesundheit und Verhalten bei Hunden längst nachgewiesen wurden. Dies betrifft nicht nur Formen der Qualzucht mit flach gezüchteten Nasen, wie beim Mops oder Pekinesen, sondern auch Fellfarben oder »Tüpfelungen« wie beim Dalmatiner. Wer Fellfarben züchtet, greift auch in gesundheitliche Zusammenhänge und in das Verhalten von Hunden ein!

Damit ergeht auch ein Aufruf an alle Bürger, Hundehalter und den Gesetzgeber:

Nehmt Hunde ernst – lernt Hunde zu verstehen und schützt Hunde vor menschlicher Willkür! Ergreifen wir als Menschen die Chance für einen wunderbaren Dialog mit unserem besten Freund.

Seien wir ein »Mensch-Hund-Team«, welches geprägt ist von gemein-
samem Lernen mit großer Achtsamkeit, in Liebe und mit gegenseiti-
gem Respekt! Dann kann jede »Mensch-Hund- Beziehung« einzigartig
und zu einer beglückenden Super-Symbiose sowohl für den Hund als
auch für uns Menschen werden!

14. Sinn und Unsinn von Wesenstests

14.1 Wesenstests und Verhaltensüberprüfungen bei Hunden

Was ist unter einem Wesenstest bei Hunden überhaupt zu verstehen? »Wesenstest« – ist ein Begriff, der zunächst einmal harmlos klingt. Jedoch können Wesenstests auch sehr schnell zur Todesfalle für Hunde werden oder ihnen zumindest ein Leben mit erheblichen Auflagen, wie Maulkorb- und Leinenzwang bescheren oder zu anderen verschärften Haltungsbedingungen mit großen Einschränkungen für den Hund führen. Sogenannte Wesenstests oder Verhaltensüberprüfungen bei Hunden werden nicht nur in deutschen Bundesländern durchgeführt, sondern auch in Ländern wie in der Schweiz, Österreich oder in den Niederlanden. Diese Tests sind keinesfalls einheitlich, weder hinsichtlich der Subtests, d. h. hinsichtlich der einzelnen Belastungstests oder Prüfungsaufgaben für den Hund, noch haben die sogenannten »Tester« oder Sachverständigen einheitliche Standards, weder bei den Verfahren noch bei ihrer eigenen Qualifikation! Oft bedeutet dies für den betreffenden Hund eine Art »Russisches Roulette«, nämlich, ob er den Test besteht oder auch nicht. In Fachkreisen hat sich sogar der Satz etabliert: »Fünf Wesenstester – ein Hund – fünf Testergebnisse!«

Wesenstests werden in aller Regel von den Ordnungsbehörden, nicht nur nach Zwischenfällen, wie einem Beißvorfall mit Aufnahme in eine Polizeiakte angeordnet, sondern leider auch nach privaten Anzeigen oder infolge von Nachbarschaftsstreitigkeiten! Oft reicht es bereits aus, wenn ein Hund einen Passanten nur freudig begrüßt hat und an der betreffenden Person hochgesprungen ist. Es liegt im Ermessen der jeweiligen Ordnungsbehörde, wie diese mit Bagatellen, Streitigkeiten oder auch mit purem Denuntiantentum umgeht.

Wenn die Ordnungsbehörden erst einmal diesen Test angeordnet haben, können die Konsequenzen für den Hund bis zur Euthanasie reichen und im Einzelfall grausam sein. Leider bezahlen nicht wenige Hunde diese »Verhaltensüberprüfungen« häufig – und ohne hinreichende wissenschaftliche Grundlagen im Prüfungsverfahren – mit ihrem Leben. Das ist ein unbeschreiblicher Skandal!

»Aggressionsverhalten«

Das deutsche Bundesland Hessen war dafür in der jüngsten Vergangenheit ein abschreckendes Beispiel: Dort lag die Euthanasiequote nach Wesenstests an Hunden etwa über dem 20-fachen im deutschen Bundesländervergleich! Je nachdem, wer den Test durchführt, welche Sub-Tests (Untertests) und in welcher Form durchgeführt werden, all das ist für das Testergebnis ganz entscheidend! Das führte zuweilen sogar zu Abgaben der betreffenden Hunde in ein anderes Bundesland oder auch zu Umzügen! Auch die Wahl des Arbeitsplatzes oder des Studienortes hängt oftmals von Landeshundegesetzen ab, nämlich, ob der eigene Hund als Listenhund mit Maulkorb- oder Leinenzwang traktiert wird – und ob er sogar gegebenenfalls einen Nachweis über seine »Ungefährlichkeit« erbringen muss.

14.2 Was ist das individuelle Wesen eines Hundes?

Das Wesen eines Hundes setzt sich aus dessen individueller Veranlagung (Genetik), der Prägung im Rudel sowie der späteren Individualentwicklung im Zusammenleben mit uns Menschen mit den jeweiligen Haltungs- und Ausbildungsbedingungen zusammen. Dies stets im Zusammenspiel mit den jeweils aktuellen psychischen Parametern, wie etwa Angst, Stress, Unsicherheit oder auch physiologischen Parametern, wie: hormonelle Zusammenhänge, Schmerzen oder Krankheiten. Daraus ergibt sich dann auch das ureigenste Verhaltensrepertoire eines Hundes.

Um das individuelle Verhalten und Wesen eines Hundes erfassen zu können, ist festzustellen, in welchem Verhaltensrahmen ein Hund agiert. Ebenso, ob bei ihm ein angemessenes oder inadäquates, sprich »unkontrolliertes Aggressionsverhalten« vorliegt. Seit Konrad Lorenz mit seiner Veröffentlichung »Das sogenannte Böse« im Jahre 1963 an die Öffentlichkeit trat, steht fest: Es ist eine unhaltbare Vorstellung, dass es sich bei einem »Aggressionsverhalten« vermeintlich um eine »krankhafte Störung« handele, die dringend »wegtherapiert« werden müsse! Gleichwohl hält sich nach wie vor die weit verbreitete Vorstellung, dass Hunde, die etwa knurren oder die Zähne blecken von vornherein gefährliche Hunde seien, anstatt zu begreifen, dass es sich zunächst nur um eine kontrollierte Eskalationsstufe handelt!

Aggression ist nicht eins zu eins mit Gefährlichkeit gleichzusetzen! Hunde zeigen in fein nuancierten Abstimmungen über ihr Ausdrucksverhalten an, wenn sie nicht einverstanden sind. Dies sofern ihre Sozialisierung in der Hundefamilie bzw. bei der Junghundeentwicklung nicht nachhaltig gestört wurde. Hunde zeigen gut »lesbar« über Eskalationsstufen sehr kontrolliert eine Angriffs- beziehungsweise eine Verteidigungsbereitschaft an.

Konkurrenzverhalten und Zielkonflikte

Unter Individuen gibt es immer wieder Zielkonflikte und Konkurrenzverhalten. Das ist völlig normal und gilt auch für andere (Säuge-)Tiere, nicht nur für Hunde oder Wölfe, sondern ganz besonders auch für uns Menschen. Um uns als Menschen verteidigen zu können, haben auch wir ein Aggressions- und Verteidigungspotential, das tagtäglich reichlich und deutlich sichtbar Anwendung findet, betrachtet man auf der Welt die zahllosen gewalttätigen Auseinandersetzungen; die sich nicht nur über Kriege und Selbstmordattentate, sondern in unzähligen Facetten von körperlicher und seelischer Gewalt äußern können. Werden wir als Menschen angegriffen, sehen unsere Rechtssysteme den »Notwehrparagraphen« vor. Mit anderen Worten: Wir haben das Recht, uns zu verteidigen und unser Leben zu schützen! Wie ist es nun bei unseren Hunden? Bei Hunden geht man davon aus, dass sie »brav zu sein haben«, gleich, was sie aushalten müssen: Angefangen von Qual- und Defektzüchtungen, über Haltungs- und Ausbildungsfehler bis hin zu tierschutzrelevanter Haltung und Misshandlungen! Menschen muten Hunden oftmals Situationen zu, die sie selbst keinesfalls ertragen möchten! Das muss immer wieder gesagt werden.

Aber auch Hunde haben ein legitimes Interesse am eigenen Leben und Wohlergehen! Wie würde uns selbst eine »Ausbildung« mit Stromfolter, also Teletakt-Geräten, mit Stachelhalsband, Kettenwürgern und Leinenruck denn gefallen? Unvorstellbar!

Dennoch werden Hunde immer wieder an ihre Grenzen gebracht und das ist das Perfide: Sie werden bei natürlichen gesunden Abwehrreaktionen über die Ordnungsbehörden auch noch zu »Wesenstests« einbestellt, zu Wesenstests, die oftmals kein Mensch bestehen würde. Und da Hunde diese teilweise tierschutzwidrigen Sub-Tests dann auch nicht bestehen, werden diese Hunde »doppelt bestraft« und einfach zu »gefährlichen Hunden« erklärt; dies häufig allein auf der Grundlage von verhaltensbiologisch unsinnigen Bestimmungen und Ausführungsverordnungen der Landeshundegesetzgebung.

Und dies leider oft auch mit weit reichenden Folgen: Die misshandelten Tiere, werden früher oder später – insbesondere bei Wiederholungen dieser unsäglichen Tests – tatsächlich nicht selten zu faktisch gefährlichen oder auch zu verhaltensgestörten Hunden.

Damit sind wir sowohl bei ursächlichen Zusammenhängen, aber auch bei den Voraussetzungen, die Wesenstests zwingend erfüllen müssten um überhaupt »valide«, also wissenschaftlichen belastbar zu sein. Aber sind Wesenstests dies in aller Regel?

14.3 Wissenschaftliche Voraussetzungen für die Validität von Wesenstests

An dieser Stelle sei eine Übersicht über Standardbedingungen vorangestellt, die für wissenschaftlich valide, also belastbare Wesenstests bei Hunden, erforderlich sind:

1. Wesenstests müssen wissenschaftlich und methodisch belastbar und in ihrem Ergebnis bei gleichen Bedingungen wiederholbar sein.

2. Getestet werden darf nur, »was zu testen ist«, nämlich, ob bei einem Hund eine inadäquate beziehungsweise unkontrollierte Aggression vorliegt. Ebenso, ob Verhaltensauffälligkeiten oder Verhaltensstörungen nachgewiesen werden können. Dazu gehört auch die Berücksichtigung eines völlig normalen Aggressionsverhaltens bei dem der Hund ausdrückt: »Und jetzt ist aber Schluss!«

3. Wesenstester haben sich uneingeschränkt an Tierschutzgesetze zu halten! Zurecht besagt das Schweizer Tierschutzgesetz, dass auch »Social Pains« – also seelische Gewalt oder Torturen, unter Strafe zu stellen sind. Dazu gehört auch, einen Hund in Angst und Schrecken zu versetzen, ihn zu provozieren oder zu nötigen.

4. Die Wesenstests sollten wenigstens national, am besten international einheitlich sein. Sie müssen uneingeschränkt und nachprüfbar wissenschaftlichen Standards entsprechen. Ebenso müssen sie ausschließlich gerichtstaugliche Ergebnisse und Fakten überprüfbar protokollieren, wie z. B. auch über Videoaufzeichnung. Ebenso die Vorgeschichte eines Beißvorfalls dokumentiert haben! Bei den Tests sollten weitere Fachleute, wie Sachverständige oder ein Tierarzt, ebenso wie der Hundehalter selbst anwesend sein.

Bei besonders schwerwiegenden Auseinandersetzungen mit den Ordnungsbehörden oder bei bereits gerichtlich anhängigen Verfahren, z. B. nach Beißvorfällen, ist es ratsam, unbedingt auch einen fachlich spezialisierten Anwalt hinzuzuziehen.

5. Vor der Verhaltensüberprüfung ist der Hund einem medizinischen Gesundheits-Check zu unterziehen. Beispielsweise ist zu verifizieren, ob der Hund Schmerzen hat oder ob er unter gravierenden gesundheitlichen Problemen leidet.

6. Das Kriterium, ab welchem Lebensalter Hunde zu einer Verhaltensüberprüfung bestellt werden dürfen, sollte ebenso wissenschaftliche Standards berücksichtigen. Dies geschieht oft nicht. Einige Wissenschaftler gehen sogar davon aus, dass vor Abschluss des 24. Lebensmonats keine wissenschaftliche und statistische Validität besteht. Weiterhin gibt es Fachleute, die nach dem dritten Lebensjahr eines Hundes eine

erneute Verhaltensüberprüfung befürworten.Da keine entsprechenden Forschungsergebnisse mit vergleichbaren Datensätzen vorliegen, die etwa auch vergleichbare Wesenstestreihen aufweisen können, bleiben diese Zusammenhänge in ihren Ergebnissen oft nur »Momentaufnahmen« oder »eigener Erfahrungsschatz«.

7. Außerdem sollten klare Durchführungsbestimmungen vorliegen. So müssen einem Hund, dessen Verhalten überprüft wird, z. B. unbedingt Pausen eingeräumt werden, da Wesenstests für Hunde eine erhebliche Stresssituation darstellen.

8. Die Qualifikation der Wesenstester bzw. Sachverständigen ist nach einheitlichen Prüfungsstandards sicherzustellen. Weiterhin sollten die Sachverständigen dazu verpflichtet werden, regelmäßig an relevanten Fort- und Weiterbildungsveranstaltungen teilzunehmen.

9. Dazu benötigen wir auch dringend eine Überprüfung und Überprüfbarkeit von kynologischen Fachkenntnissen von diesbezüglich tätigen Amtstierärzten, bei der Polizei und Richterschaft! Eine diesbezügliche Sachverständigentätigkeit setzt sowohl profunde Kenntnisse in der Verhaltensbiologie, im Tierschutz wie auch im Hunderecht voraus. Ebenso sollte für diese Berufsgruppen zwingend eine Weiterbildungspflicht bestehen. Leider sind wir von diesen Mindeststandards Lichtjahre entfernt!

10. Weiterhin ist es sehr wichtig und das kann nicht oft genug betont werden: Die Berücksichtigung des individuellen Hund-Halter-Beziehungsgeflechtes bei Wesenstests, spielt ebenfalls eine große Rolle, da sich in jedem Hund-Halter-Gespann individuelle gruppendynamische Prozesse und auch Teameigenschaften herausbilden. Im Guten wie im Schlechten kann dies im Einzelfall von erheblicher Bedeutung sein. Auch im Zusammenhang, ob und welche Auflagen für einen Hund nach einem Wesenstest infrage kommen.

14.4 Hinweise bei Wesenstests für den Hundehalter

Was sollten Hundehalter unbedingt beachten?

Da diese elementaren Grundlagen für valide Wesenstests so gut wie gar nicht oder nur teilweise vorkommen, ist es für den Halter sehr wichtig, dass er mit seinem Hund nicht unvorbereitet in einen angeordneten Wesenstests »hineinschlittert«! Zunächst ist die Rechtsgrundlage zu prüfen, ob überhaupt eine Voraussetzung für die Anordnung eines Wesenstest vorliegt. Dies kann von Bundesland zu Bundesland erheblich variieren. Dazu ist das Landeshundegesetz beziehungsweise die Landeshundeverordnung gründlich zu studieren! Ebenfalls in

Bezug auf eine Sachkundeprüfung des Halters oder hinsichtlich der Wesenstests mit ihren einzelnen Sub-Tests. Diese variieren von Bundesland zu Bundesland ganz erheblich! Während in einem Bundesland der Sachverständige mit dem Hund »nur einen Spaziergang macht« und mit ihm Alltagssituationen in etwa ein bis zwei Stunden durchläuft, schreiben andere Bundesländer mehrtägige sehr aufwendige Tests vor, bei dem der Hund auch in für ihn belastende Situationen gebracht wird, wie den sogenannten »Fahrstuhltest«, wo der Hund von wildfremden Personen aus nächster Nähe umzingelt wird. Hier wird vom Gesetzgeber »nebenbei« fahrlässig die Gesundheit der Tester aufs Spiel gesetzt, da das »Risiko des Zuschnappens in ein fremdes Bein« seitens des Hundes dabei nicht gering ist! Ein weiterer nicht nur fragwürdiger, sondern sogar straf- und tierschutzrechtlich relevanter Test ist:

»Neben einem am Baum angebunden Hund wird von Fremden mit Stöcken direkt neben ihm eingeschlagen, während sein »Halter nur aus der Ferne – laut Verordnung« zuschauen darf!«! Oder: Ein »Tester« mit Hut, Sonnenbrille und einem »in Alkohol getränkten Mantel« fährt auf einem Fahrrad – torkeln und klingelnd – auf den zu testenden Hund zu. Wenn diese Tests nicht so ernst wären, sie wären teilweise für den »Satiregipfel« geeignet! Weiterhin zeigen diese Tests in trauriger Weise, wie weit unsere Gesellschaft noch davon entfernt ist, sich ansatzweise für den Sozialpartner Hund qualifiziert zu haben.

Wichtiger Hinweis:

Bei mittleren bis größeren Konflikten, z. B. Beißvorfällen, sollte unbedingt auch ein Anwalt beauftragt werden, um vorab Akteneinsicht zu nehmen, auch um gegen etwaige unzutreffende Vorwürfe rechtzeitig Widerspruch einlegen zu können!
In Einzelfällen haben Anwälte vor Gericht sogar erfolgreich eine »Aussetzung der Vollstreckung« hinsichtlich bestimmter Teilverordnungen von Landeshunde-Gesetzen, wie z. B. zu Bestimmungen von »Hunderasselisten mit entsprechenden Auflagen« oder bei »tierschutzrelevanten Sub-Tests wegen Verfassungswidrigkeit« gestellt.
Wichtig ist außerdem: Der Hundehalter sollte sich unbedingt den Sachverständigen seiner Wahl und seines Vertrauens selbst bestellen und nicht einfach vorsetzen lassen, was auch immer wieder mit teilweise schlimmen Folgen für den Hund geschieht!

14.5 Wozu und bei welchen Hunden werden Wesenstests durchgeführt?

Die Durchführung von Wesens- oder Verhaltenstests bei Hunden dient vorrangig der Klärung, ob eine potentielle Gefährlichkeit eines Hundes vorliegt.

Allerdings spielen Verhaltens- und Eigenschaftstests auch bei der Auswahl und Ausbildung von Dienst- und Servicehunden, wie z. B. Blindenhunden oder bei Zuchtselektionen eine Rolle. Im weitesten Sinne gehören auch Tests und Leistungsprüfungen über spezielle Fähigkeiten für Arbeits-, Dienst- und Gebrauchshunde, wie z. B. Jagdhunde, Herdenschutzhunde oder Fährtenhunde dazu. Dies wird vornehmlich auch von Zuchtverbänden durchgeführt. Über Wesenstests und Verhaltensüberprüfungen soll das Verhaltensspektrum, z. B die emotionale Reaktivität auf Reize systematisch erfasst werden. Ebenso das Aggressionsverhalten eines Hundes. Wichtig ist dabei festzuhalten: Internationale Standardnormen für Aggressionsverhalten existieren nicht.

Aggression ist überlebensnotwendig und verschiedenen Funktionskreisen zuzuordnen. Die verschiedenen Aggressionsformen sind durch diverse Antriebs- und Auslösereize bedingt.

Außerdem können Hunde auch unvermittelt zubeißen, nämlich dann, wenn sie zuvor keine deutlich sichtbaren Anzeichen für Aggressionsverhalten über ihr »Frühwarnsystem«, wie z. B. über ein Zähne-Blecken, gezeigt haben.

Hunde werden, wie bereits ausgeführt, insbesondere dann einem sogenannten Wesenstest unterzogen, wenn sie in Beißvorfälle verwickelt waren, andere Tiere gehetzt, gejagt oder getötet haben. Teilweise sogar, wenn sie lediglich nur Menschen angesprungen haben und es danach zu einer Anzeige kam.

Hunderassenlisten sind keine festen Konstanten, sondern äußerst beliebig: So sind einzelne Schweizer Kantone oder Bundesländer in Deutschland oder Österreich »rasselistenfrei« oder es werden zwischen neun bis zwölf oder sogar teilweise 20 bis 30 verschiedene Hunderassen auf diesen Listen geführt, die besagen, dass bestimmte Hunde allein aufgrund ihrer Geburt und Rassezughörigkeit als gefährliche Hunde »vermutet« werden. Ja, »vermutet« werden! Dies, obwohl weltweit anerkannter Wissenschaftsstandard ist: Es gibt keine gefährlichen Hunderassen, sondern nur gefährliche einzelne Hundeindividuen, die völlig rasseunabhängig existieren. Denn jeder Hund kann beißen!

Gesetzliche Bestimmungen, die für Hunde besonders »gefähr-lich« sind:

Besonders »gefährlich für Hunde« ist die folgende völlig vage, wissenschaftlich abwegige und unpräzise Ausführung, die in zahlreichen deutschen Landeshundegesetzen und Landeshundeverordnungen wie folgt lautet:

»Ein Hund gilt auch dann als sogenannter gefährlicher Hund, wenn er eine über das übliche Maß hinausgehende Schärfe und Angriffslust zeigt. Dafür gibt es allerdings wissenschaftlich überhaupt keine messbaren Parameter. Hundeverhalten ist individuell und kontextabhängig. Wichtig ist allein, ob der Hund über eine »Aggressionskontrolle« verfügt, die ihm ein nuanciertes, kontrolliertes und adäquates Verhalten ermöglicht.

Hundepolitik wird im 21. Jahrhundert und im Zeitalter der Weltraumforschung jedoch immer noch von mittelalterlichen Standards bestimmt.
Scheinsicherheit wird vorgegaukelt – eine effektive Gefahrenabwehr fehlt!
Dabei müssen Hunde die Konsequenzen von menschlicher Dummheit, Willkür und Vorurteilen verschiedenster Art »auslöffeln«!

Da Politik und Gesetzgeber Hunde bestimmter Rassen variabel und willkürlich unter einen Generalverdacht der Gefährlichkeit stellen, werden sie oft mit lebenslangen Maulkorb- und Leinenzwang traktiert!
Hiervon können sie dann wieder teilweise durch einen so genannten Negativnachweis, also einen bestandenen Wesenstest, befreit werden. Aber welcher Hund von welcher Rasse nun zu einem solchen Negativnachweis antreten darf, wie es z. B. in Bayern möglich ist, beruht wieder auf reiner Willkür oder einer politischen Entscheidung.

Dazu ein Zitat aus einem Ministerium: »Die wollen wir hier nicht!« Allein aufgrund einer bestimmten Rassezugehörigkeit wird bekanntlich in zahlreichen Bundesländern oder Kantonen in Deutschland, in Österreich oder in der Schweiz die Gefährlichkeit von Hunden per se vermutet. Es betrifft nicht nur Rassen, wie Pitbull, American Staffordshire Terrier, Staffordshire Bullterrier und die Kreuzungen mit und aus diesen Rassen, sondern kann auch Rottweiler, American Bulldog, Dogo Argentino, Kangal oder Kaukasischen Owtscharka betreffen. Oft besteht sogar eine Haltungserlaubnis oder ein Zuchtverbot.

Willkür bei der Hundesteuer! Für gelistete Hunde gilt ferner fast allen Orts eine wesentlich höhere Hundesteuer, die sogar das Mehrfache der üblichen Sätze betragen kann. Die Hundesteuer unterliegt in Deutschland der Gesetzgebungskompetenz der Bundesländer (Art.105, Abs.2aGG). Sie ist außerdem eine kommunale Abgabesteuer und kann von dort aus auch als »Lenkungssteuer« eingesetzt werden. Bei der Hundesteuer gibt es länderabhängig diverse Ausnahmen, wie z. B. Steuerbefreiungen- oder Ermäßigungen, beispielsweise für Blindenhunde, Hütehunde, Gebrauchshunde oder für Hunde mit bestandener Begleithundeprüfung. Auch für Hunde aus dem Tierschutz, in Tierheimen oder für private Hundezucht gibt es regional variierend steuerliche Sonderregelungen. Somit ist das Hundesteuergesetz hierzulande fast überall ein nahezu undurchdringliches »Rechtslabyrinth«!

Im Zusammenhang mit gelisteten Hunderassen wird meist völlig unsinnig von sogenannten »Kampfhunden« gesprochen. Das aber ist Populismus pur, denn es gibt keine genetische Spezies »Kampfhund«! Dieser Begriff sollte insofern sogar untersagt und auch abgeschafft werden, da Hundekämpfe inzwischen längst strikt verboten sind. Als »Kampfhunde« willkürlich bezeichnete Hunderassen werden damit zu Unrecht diskriminiert.

Zum Hintergrund:

Das Beispiel: Der Bullterrier:

Hunde, wie z. B. der Bullterrier wurden im 18. Jahrhundert für Bullenkämpfe gezüchtet und missbraucht. Nachdem diese grauenvollen Kämpfe verboten wurden, setzte man diese Hunde dann in England bis zum erneuten Verbot im Jahre 1935 wiederum für ebenfalls grausame Hundekämpfe ein.

Anschließend erfolgte ein Wandel: Im Laufe der Zeit setzten sich neue Zuchtstrategien durch: So wurden bei der Bullterrier-Zucht Wesenstests eingeführt, mit dem Ergebnis, dass große Zuchtverbände in den USA und Großbritannien heute stolz darauf sind, nunmehr Bullterrier erfolgreich als »Familienhunde« züchten und vorweisen zu können.

Fakt ist: Nirgendwo auf der Welt sind diese Hunderassen beim Risiko-Beiß-Index (d. h. Beißvorfälle aufgrund einer Rassezugehörigkeit im Verhältnis zur Population) unter den ersten Zehn zu finden, oft nicht einmal unter den Rängen 20 oder 30 in der Beiß-Statistik! Dennoch werden sie weiter gesellschaftlich diskriminiert und sind von Seiten der Behörden nach wie vor ein Spielball für Wesenstests, Auflagen, Restriktionen oder gar Tötung, allein aufgrund von Rassezughörigkeit.

Risiko-Beiß-Index

So wurden beispielsweise nicht nur in den Niederlanden Hunde bestimmter Rassen von 1993–2008 über eine gesetzliche Regelung (RAD) sogar mit Hausdurchsuchung beschlagnahmt und in Todeslager verbracht, und damit ein klarer Rechtsverstoß begangen. Auch im Bundesland Hessen war vor etwa 15 Jahren ein vergleichbares rechtswidriges Vorgehen geplant. Nur in allerletzter Minute konnte dieser Gesetzesentwurf über den Klageweg abgewehrt und verhindert werden.

Das bedeutete damals in Hessen, dass eine Beschlagnahmung von Hunden sogar mit Hausdurchsuchung und ohne Beißvorfall! ernsthaft politisch mit entsprechender Gesetzesvorlage durchgesetzt werden sollte!

Rasselisten sind sogar auf dem Vormarsch.

Damit werden von Gesetzgebern und Politik nicht nur Wissenschaftsstandards ignoriert, um nicht zu sagen »in die Tonne getreten«, sondern es ist gleichzeitig auch eine Bankrotterklärung gegenüber einer verantwortungsvollen Hundepolitik, bei der sich Bürger und Hundehalter für den Sozialpartner Hund qualifizieren müssten. Von jedem Traktor-Fahrer wird eine Prüfung verlangt. Dabei ist zu betonen: Um Hunde zu verstehen und verantwortungsvoll zu führen bedarf es weit mehr!

Das bedeutet faktisch, dass jeder Hundehalter, so wie es in der Schweiz seit Jahren die gesetzliche Regelung vorschreibt, auch hierzulande einen Sachkundenachweis ablegen muss. Dazu gehören – neben Basiswissen aus der Verhaltensbiologie – auch Grundkenntnisse in Tiergesundheit oder im Bereich Recht. Die Abnahme der Prüfung erfolgt über lizensierte Personen und Institutionen.

Lang ist die Liste der Widersprüche und Ausnahmen, die das gesetzliche Regelwerk kennzeichnen, auch in der Schweiz. Hier kommt es vor, dass ein Hund in einem Kanton, wie dem Aargau, der dort als »Familienhund« gilt – allein durch Umzug oder bloße Einreise ins Tessin dann mit gravierenden Konsequenzen und zudem mit sämtlichen Rechtsfolgen – zu einem »gefährlichen Hund« stigmatisiert wird. Das Tessin ist bei der gemutmaßten und gefühlten Gefährlichkeit von Hunderassen mit 30 gelisteten Rassen in der Schweiz führend!

Eine weitere Kuriosität, die jeder wissenschaftlichen Grundlage entbehrt: Der Kanton Zürich stellt z. B. acht bestimmte Hunderassen unter ein Verbot von Zucht und Haltung, bereits bei einem »Blutanteil« von mehr als 10 %! Dies bei Rassen, wie American Pitbull Terrier, American Staffordshire Terrier, Staffordshire Bullterrier oder Bandog. Im Kantonalen Gesetz findet sich indes kein Hinweis auf einen dazu erforderlichen DNA-Test (Gentest/ Genanalyse)!

Wesenstests sind leider oft von unqualifiziertem gesetzgeberischem Eifer, von Halbwissen und von Ignoranz gekennzeichnet, kurzum einem auffälligen Mangel an Fachverstand!

Die internationalen, vielfältigen Auffassungen, Bestimmungen und Ausführungen bei gesetzlich angeordneten Wesenstests sind ein einziges Debakel. Wesenstests verkommen oft zur »Experimentierstube von Halbwissen, Profilneurosen und Inkompetenz«. Auf was kommt es aber an? Die sachverständigen Personen müssen wissen, um was es geht!

Einmal geht es um Gefahrenabwehr bei faktisch gefährlichen Hunden und zum anderen geht es um das Leben von Hunden oder um gravierende lebenslängliche Auflagen für Hunde!

In der Praxis bedeuten Wesenstests für Hunde oft ein »russisches Roulette« auf den föderalistischen und populistischen Spielfeldern, vor denen sie selten jemand schützt!

Die Qualitätsquote nach wissenschaftlichen Kriterien bei Wesenstests ist erschreckend variabel und somit gering!

Fazit: Wesenstest dürfen bei ein und demselben Hund nicht die Bandbreite von Beurteilungen, wie etwa »Wesenstests bestanden« oder auch »gefährlicher Hund« aufweisen!

Beurteilungskriterien für einen gefährlichen Hund

Ein gefährlicher Hund zeigt ein inadäquates Agggressionsverhalten, das sich nicht ritualisiert und ohne Vorwarnung in einem Angriff mit einem ungehemmten Beißen gegenüber Tieren oder Menschen äußert. Angeborenes Verhalten steht stets in Wechselwirkung mit Umwelteinflüssen, der Sozialisierung, mit Lern- und Lebenserfahrungen sowie dem Stresspegel oder Gesundheitszustand eines Hundes.

Widersinn bei der Einstufung von »Gefährlichen Hunden«

Bei den als gefährlich oder potentiell gefährlich deklarierten Hunden sind unbedingt verschiedene Gruppen zu unterscheiden.

1. Gruppe:

Vermutet gefährliche Hunde, allein aufgrund politischer Willkür, sprich über Rasselisten. Weiterhin Hunde, die aufgrund von Rasselistenzugehörigkeit zunächst als gefährliche Hunde geführt werden, dann aber über einen sogenannten »Negativtest« – also über eine Neubeurteilung – anschließend als »ungefährliche Hunde« eingestuft werden.

Zum Hintergrund: Im deutschen Bundesland Bayern gibt es zwei Rasselisten-Kategorien. Gehört man in Bayern als Hund der Rassekategorie II an, hat man über das Bestehen eines Wesens- bzw. Verhaltenstests die Möglichkeit, den Status einer »hundlichen Unbedenklichkeit« über einen sogenannten Negativnachweis erreichen zu können. Fortan gilt man als Hund bei Bestehen dieser Überprüfung – quasi über Nacht – als »nicht mehr gefährlicher Hund«!

2. Gruppe

Faktisch gefährliche Hunde, sind Hunde, die über ihr gezeigten Verhalten, wie ein inadäquates und unkontrolliertes Beißverhalten dann als „gefährliche Hunde" eingestuft werden, wenn sich diese Beurteilung über profunde Verhaltensüberprüfungen seitens von Verhaltensspezialisten bestätigt.

3. Gruppe

Als gefährlich eingestufte Hunde aufgrund von Fehlbeurteilungen bei Wesenstests und Verhaltensüberprüfungen. Weiterhin: Mangelhaft qualifizierte Sachverständige oder fragwürdige Wesenstests mit tierschutzrelevanten Sub-Tests, die einzelne Landeshundegesetze in Deutschland zum Teil vorgeben. Allerdings sind längst nicht alle Sachverständigen bereit, vorgegebene Sub-Tests mancher deutscher Bundesländer auszuführen. Diese Fachleute testen dann nur, was wirklich zu testen ist, nämlich ob der betreffende Hund faktisch inadäquate gefährliche Verhaltensweisen zeigt.

14.6 Mindeststandards für Wesenstests: Schweiz mit Vorbildcharakter

Schweizer Kantone mit Vorbildcharakter bei Verhaltensüberprüfungen

Verhaltensüberprüfungen im Ländervergleich:
Verhaltensüberprüfungen zeichnen sich durch eine unüberschaubare Vielfalt aus, nicht nur in den 26 Schweizer Kantonen. Auch in Deutschland oder Österreich existieren in den einzelnen Bundesländern vielfältigste Rechtsvorschriften. Hinzu kommt eine jeweils individuelle Herangehensweise des jeweiligen Sachverständigen. Außerdem divergieren Inhalte wie auch der zeitliche Umfang in erheblichem Maße.

Interessant ist auch die Tatsache:
Deutliche Unterschiede in ihren Testverfahren gibt es auch im Ländervergleich: Im Gegensatz zu Deutschland gibt es in der Schweiz bei den Überprüfungen kein »bestanden« oder »nicht bestanden«, sondern die Ergebnisse der Verhaltensüberprüfungen können zu unterschiedlichen Auflagen für Hund und Halter führen – auch zu weiteren Tests.
Sämtliche Überprüfungen laufen nach einem sehr differenzierten und abgestuften Maßnahmen-Katalog ab. Tests werden in der Schweiz vom

kantonalen Veterinärdienst auch zu bestimmten Fragestellungen und je nach Aktenlage durchgeführt. Ganz anders in Deutschland: Dort verlaufen die jeweiligen Landestests eher nach dem »Rasenmäher-Prinzip«: Jeder Hund wird nach dem gleichen Verfahren überprüft. Dabei kann ein Test – wie ausgeführt – in einem Bundesland ein bis zwei Stunden dauern, in einem anderen hingegen zwei bis drei Tage.

Verhaltensüberprüfungen und Wesenstests werden in der Schweiz nach den Leitlinien der Schweizerischen Tierärztlichen Vereinigung für Verhaltensmedizin (STVV) durchgeführt, die für die Veterinäre eine umfassende Zusatzausbildung von 2 Jahren verlangen und die wie folgt aussehen (Originaltext STVV):

- Kenntnisse der allgemeinen Veterinärmedizin und klinische Erfahrung
- Kenntnisse der Ethologie, Neurophysiologie
- Psychopharmakologie, Psychologie (Anwendung und Einsatz von Lerntheorien) und der Psychopathologie
- Erfahrung im praktischen Umgang mit Haustieren
- Kenntnisse in Erziehung, Ausbildung und Training von Haustieren
- Die Fähigkeit, sich in Tierbesitzer hineinversetzen zu können (Empathie); mit ihnen zu kommunizieren und sie zu motivieren
- Kenntnisse über einschlägige Gesetzestexte
- Bereitschaft zur Zusammenarbeit mit anderen Fach-Disziplinen
- Bereitschaft zu wissenschaftlicher Arbeit
- Kenntnisse in Tierschutz und Ethik

Praktische Umsetzung einer Verhaltensüberprüfung:

1. Beispiel: Kanton Schaffhausen

(Quelle: Veterinäramt Kanton Schaffhausen, Kantonstierarzt Dr. med. vet. Urs-Peter Brunner)

»Nach zunächst telefonischer Befragung und Überprüfung des Sachverhalts wird entschieden, ob eine Beurteilung des Hundes vorgenommen werden soll. Durch unsere sachverständige Tierärztin (mit Diplom in Verhaltensmedizin, STVV) wird die Beurteilung am Domizil der Hundehaltung durchgeführt. Die Beurteilung vor Ort bezieht sich namentlich auf Haltung, Gesundheitsstatus, Umfeld, Umgebung, Erziehungsgrundlagen, Verhaltensauffälligkeiten. Ein Spaziergang mit Begegnung mit einem andern Hund und Personen sowie eine Evaluation mittels eines Fragebogens stellen weitere wichtige Bestandteile dieser Überprüfung dar. Die

Beurteilung dauert etwa eineinhalb Stunden. Die Auswertung und Berichterfassung zusätzlich etwa eine weitere Stunde. Werden bei der Verhaltensüberprüfung markante Verhaltensauffälligkeiten festgestellt, wird ein Wesenstest basierend auf den Richtlinien der STVV vorgenommen. Dieser findet durch ein Team unter der Leitung der beauftragten sachverständigen Tierärztin mit Hilfe von drei sachkundigen Personen (z.B. ausgebildete Hundetrainerin, einem Dienstchef des Polizeihundewesens, dem Ausbildungschef vom Zollhundewesen) sowie durch eine weitere Person statt. Alles wird mit Video aufgezeichnet. Der Test dauert in der Regel zwei bis drei Stunden und beinhaltet notwendige Pausen. Ein Test dieser Art musste bislang nur in sehr seltenen Fällen durchgeführt werden.

Bei diesen Tests soll die Gefährlichkeit bzw. die Gesellschaftsfähigkeit des Tieres beurteilt werden. Dazu soll auch eine Empfehlung für das weitere Vorgehen durch das Veterinäramt gemäß der Hundegesetzgebung, dem auch weitere Maßnahmen obliegen, zum Vollzug abgegeben werden. Maßnahmen oder Auflagen erfolgen bei rund 80 % der beurteilten Hunde«.

2. Beispiel: Kanton St. Gallen

Diese Vorgehensweise entspricht z. B. auch der Vorgehensweise im Kanton St. Gallen. Hier wird das Ressort »Auffällige Hunde« als Hauptaufgabe von einer Amtstierärztin und Verhaltensspezialistin geleitet, deren Arbeit zudem vom Chef des Diensthundewesens der Kantonspolizei unterstützt wird. Hier liegt der Prozentanteil an Auflagen nach Verhaltensüberprüfungen sogar bei 95 %. Zu den Auflagen gehören auch hier das Hundehalterbrevet der SKG (Schweizerische Kynologische Gesellschaft), Erziehungskurse oder eventuell sogar die Abgabe des Hundes an fähige Personen. Weitere Auflagen bzw. Konsequenzen können sein: Veränderung bei der Haltung oder in extremen Fällen die »Euthanasie«, deren Quote im Kanton St. Gallen bei etwa 8 % liegt. *(Quelle: Veterinärdienst Kanton St. Gallen, Amtstierärztin Dr. vet.med. G. Calzavara- Guldener)*

Fazit ...

Folgt man dem deutschen Kynologen Eberhard Trumler, der bereits in den 1980er-Jahren konstatierte, dass mehr als 60 % der Familienhunde kein einwandfreies Sozialverhalten mehr hätten, so bedeutet dies nicht etwa, dass diese Hunde alle gefährlich sind, sondern, dass diese Hunde so geführt, gehalten und ausgebildet werden müssen, dass sie nicht gefährlich werden. Und bei sämtlichen Verhaltenskontrollen geht es darum, dass Hunde die auffällig geworden sind, so überprüft werden, dass dabei ihr wesentliches individuelles Verhaltensspektrum und Kommunikationsrepertoire erfasst wird. Darauf müssen dann auch entsprechende Maßnahmen abgestellt sein. Es spricht für die schweizerischen kantonalen Maßnahmenkataloge, dass jeweils die für den Hund in den Auswirkungen moderateste Maßnahme gesetzlich vorgeschrieben wird. Denn Verhaltensüberprüfungen machen nur dann einen Sinn, wenn sie höchst differenziert und verantwortungsvoll von gut ausgebildeten Verhaltensspezialisten durchgeführt werden!

15. Mit den Augen der Hunde

15.1 »Perspektivwechsel«

Wollen wir andere Lebewesen wirklich besser kennenlernen und verstehen, benötigen wir dazu unbedingt einen Perspektivwechsel und möglichst ganzheitliche Sichtweisen. Denn unser eigener Blickwinkel, aus dem wir gewohnt sind, Menschen oder Tiere zu betrachten und zu beurteilen, reicht dazu keinesfalls aus. Bei einem Blickwinkel handelt es sich nur um einen Ausschnitt, der viele andere Perspektiven und Ebenen gar nicht erfasst. Und dennoch existieren all jene Bereiche, die im Verborgenen liegen oder denen wir keine Beachtung schenken, an denen wir oft unwissentlich vorübergehen!

Blickwinkel

Kommen wir zum Verstehen einer anderen Art, wie unseren Hunden, wird es noch komplexer. Denn Hunde haben sowohl von ihrer Sinneswahrnehmung, also der Sinnesphysiologie, weitaus mehr Wahrnehmungsmöglichkeiten, als es für uns Menschen jemals möglich sein wird. Hunde erleben und erfassen auch komplexe Kontexte differenziert und in einer Tiefenschärfe, die uns weitgehend verschlossen bleibt. Auch mit ausgeklügelter Technik können wir nur partiell die Welt der Hunde erfassen.

Wahrnehmungs-
möglichkeiten

Wenn Hunde uns beispielsweise auf etwas aufmerksam machen wollen und wir sie dabei vor den Kopf stoßen, indem wir sie abweisen oder zurechtweisen, was sollen sie von uns halten? Natürlich müssen diese Hunde uns für Ignoranten halten, die nichts mitbekommen und dazu noch »sprachgestört« sind.

Ebenso passen auch andere menschliche Verhaltensweisen und Lebenskontexte zwischen Hunden und Menschen gar nicht oder nur teilweise zusammen. So werden Hunde und Wölfe in ihrer Lebensschule als Welpen liebevoll, konsequent und spielerisch erzogen. Alles läuft im Spiel ab, auch kleine Korrekturen seitens der adulten Tiere. Erste wesentliche Lernschritte für die Welpen sind dabei vor allem auch Leitgesetze, wie das Erlernen von Respekt und der Akzeptanz von gesetzten Grenzen durch Ältere. Bei Grenzverstößen lernen Hunde- und Wolfskinder im Rudel, dass aufgezeigte Grenzen von Alphatieren oder älteren Geschwistern

Leitgesetze

mit respektgebenden Gesten zu beantworten sind. Damit wird auch das Lernprogramm »Konfliktmanagement« in wesentlichen Grundzügen bereits erlernt. Hinzu kommt, dass Hunde in ihrer höchst differenzierten Kommunikation eine unerschütterliche Klarheit und Aufrichtigkeit zeigen. Auch über Mischausdruckszeichen werden dabei Konflikte gut sichtbar. Dies setzt aber voraus, dass wir die »Weltsprache Hundisch«, die von Hunden überall auf der Welt gesprochen und verstanden wird, als Menschen auch erlernen und verstehen, um im Kommunikationsprozess mit Hunden nicht im Abseits stehen zu bleiben.

»Weltsprache Hundisch«

Wenn Hunde uns ihre Welt erklären, dann müssen wir exzellent »hundisch« beherrschen und verstehen. Wir können dann nicht im Duden blättern und nach menschlichen Vokabeln suchen. Wir können auch nicht ausschließlich durch unsere menschliche Brille, die sich verhaltensbiologisch von Hunden erheblich unterscheidet, unsere Beobachtungen und Beurteilungen vornehmen.

Das Sozialverhalten von Menschen und Primaten unterscheidet sich in vielen Aspekten ganz erheblich von dem der Kaniden. Sagen wir es klipp und klar: Die Kindheit von Menschen und Hunden divergiert im Prägungslernen ganz entscheidend. Menschliches Lernen, spätestens bei Schulbeginn, erfolgt kaum spielerisch, dafür aber häufig mit schlechter Stimmung und mit durchgängiger Bestrafung. Darum schwärmen die meisten von uns auch nicht gerade euphorisch von ihrer Schulzeit. Auch die Lebenswirklichkeiten in Familien sind längst nicht immer dazu angetan, dass seelisch ungebrochene klare, heitere Menschen mit einem ausgeprägten Sozialverhalten und Sinn für Fairness heranwachsen. Und es geht bei uns Menschen vorrangig meist sehr schnell um Macht und möglichst viel Geld.

Prägungslernen

Allein diese divergierenden Zielsetzungen bei Mensch und Hund stellen im Artenvergleich eine starke Asymmetrie im Verständigungsprozess dar. Sprechen wir es offen an: In unseren angeblich so zivilisierten Gesellschaften regieren latent oder offen leider sehr viele Gewaltpotentiale, auch unkontrolliert und ungezügelt. Tendenz steigend. Auch damit werden Hunde immer wieder konfrontiert: Unzureichend oder sogar schlecht sozialisierte Hundeführer oder Bürger versuchen Hunden beizubringen, wo es langgeht. Für Hunde ist dieses Programm meist völlig unverständlich, zudem aus hundlicher Sicht zudem asozial und der reinste »Kulturschock«!

Asymmetrie im Verständigungsprozess

Wären wir an der Stelle von Hunden – und ausgestattet mit deren Sozialverhalten und mit deren Prägungslernen – würden wir sicher die Frage (im Rollentausch vom Mensch zum Hund) stellen: »Wo bin ich hier nur gelandet?« Ich persönlich würde als Hund selbstverständlich versuchen, aus unsinnigen mir auferlegten Zwängen herauszukommen. Schon allein, um gesund zu bleiben und um meine Lebensqualität wieder herzustellen.

Grundsätzlich lerne ich als Hund stets gerne, wenn es aus meiner Sicht Sinn macht, und wenn eine gute Beziehung zu meinen Menschen besteht, so wie damals als ich noch Welpe war!

Eine Welt ohne Tiere ist unvorstellbar!

Wo stünden wir als Menschen überhaupt ohne Natur, ohne Tiere und ohne unsere Hunde? Vielleicht stimmen Sie mir zu, das wäre unvorstellbar und nicht auszudenken! Vielleicht nicht nur deshalb, weil wir unsere Hunde als solche so sehr lieben und als Sozialpartner schätzen, sondern weil uns irgendwo vielleicht auch bewusst ist, das Tiere für uns Menschen der letzte Anker zur Natur sind, einem Anker, den die Menschheit zunehmend immer weiter zu verlieren scheint. Damit steht gleichzeitig auch die Sinnfrage im Raum: »Ist Naturverlust nicht auch Sinnverlust?«

Orientieren wir uns also vielmehr am Verhalten von Tieren und am Verhalten unserer Hunde, denn sie sind uns Menschen in vielem weit voraus!

15.2 Hunde verstehen keine menschliche Gewalt – aber woher rührt diese?

In Anbetracht zunehmender weltweiter Konflikte mit teilweise unvorstellbarer menschlicher Grausamkeit und Gewaltbereitschaft, insbesondere gegenüber Tieren, die in vielen Ländern wie Rumänien, der Ukraine oder der Türkei seit vielen Jahren zu widerwärtigsten Hunde- und Katzenmassakern führen und geführt haben, scheint es angezeigt, der Frage nachzugehen, worin liegt der Ursprung beziehungsweise worauf begründet sich menschliche Gewaltbereitschaft mit einem Potential zu beispielloser Grausamkeit

Zum einen hat die Spezies Mensch nach Auffassung von Anthropologen und Kriminologen ihre Gewaltbereitschaft sehr schlecht unter Kontrolle. Hinzu kommt, dass die insbesondere für die Spezies Mensch so dringend benötigte Lebensschule zum konstruktiven und unblutigem »Konfliktmanagement« leider fehlt. Ganz im Gegensatz zu anderen Arten wie z. B. den Kaniden, den Wolfs- und Hundeartigen, so wie bereits ausgeführt.

Aber es gibt auch maßgebliche stammesgeschichtliche Ursachen: So ist oft wenig bekannt, dass unsere »Verwandten«, die Schimpansen, keinesfalls in friedlicher Koexistenz miteinander leben. Ebenso wenig bekannt ist, dass bei ihren Verhaltensweisen, Täuschungsmanöver, brutales Töten – überhaupt der gesamte Katalog von Gewalttaten – nachgewiesen werden kann.

Dazu ein Artikel in der Süddeutschen Zeitung vom 19.05.2011 mit dem Titel »Verhaltensbiologie und Gewalt – Ausrottung unter Affen«: »Es ist ein Verhalten, das man von Menschen kennt, Affen jedoch eher nicht zutrauen würde. Im Kibale-Nationalpark in Uganda sind Schimpansen dabei, eine Population Stummelaffen auszurotten. Stünden Menschen dahinter, so wäre die Nachricht zwar traurig, aber nicht weiter überraschend.

Im Dschungel des Kibale-Nationalparks in Uganda stehe eine Population Roter Kolobusaffen (Uganda-Stummelaffen) kurz vor der Ausrottung, berichtet ein Forscherteam um Jeremiah Lwanga von der Makerere University in Kampala in dem Fachmagazin »American Journal of Primatology« (2011). Wirklich neu aber ist, wen die Primatologen als Verantwortlichen für den Niedergang dieser Affen ausgemacht haben: Es sind die ebenfalls im Park ansässigen Schimpansen! Fast 33 Jahre lang, von 1975 bis 2007, wurden die verschiedenen Affenpopulationen in dem entlegenen afrikanischen Nationalpark beobachtet. In dieser Zeit sank die Zahl der Kolobusaffen in der Region um 89 %. Zu diesem Niedergang mögen auch Krankheiten beigetragen haben und die Konkurrenz durch andere pflanzenfressende Affen, schreiben die Studienautoren. Dennoch halten sie diese Faktoren »für relativ unbedeutend im Vergleich zur Jagd durch die Schimpansen«. Diese habe besonders verheerende Wirkungen, weil die Schimpansen besonders gerne Kolobus-Jungtiere töten und fressen, die noch nicht im reproduktionsfähigen Alter sind.«

Mit anderen Worten: Die Studie liefert nach Angaben der Forscher den ersten klar dokumentierten Beleg, dass eine nichtmenschliche Primatenart eine andere Primatenart ausrotten kann und davon profitiert: Im gleichen Zeitraum stieg die Zahl der Schimpansen in Kibale um 59 %. Unklar sei lediglich, warum sich die Tiere ausgerechnet auf die Jagd nach Roten Kolobusaffen spezialisiert haben. Ansonsten reiht sich die neue Studie in eine Vielzahl von Forschungsarbeiten ein, die in den letzten Jahren den Mythos vom Schimpansen als freundlichen Vegetarier demontiert haben. So gilt mittlerweile als belegt, dass Schimpansen gerne auch mal Fleisch fressen und ihre Interessen mit manchmal mörderischer Gewalt selbst gegen Artgenossen verfolgen: Ebenfalls aus dem Kibale-Nationalpark stammt eine Studie, die im letzten Jahr beschrieb, wie eine Schimpansen-Kolonie die benachbarte Gruppe mit einer koordinierten, kriegsähnlichen Strategie vertrieb, nur um ihr eigenes Territorium auszuweiten.

Was bedeuten diese Studien für uns Menschen?

Etwa, dass wir als Abkömmlinge und Verwandte der Schimpansen gar nicht anders können, als unsere Gewaltbereitschaft auszuleben? Das Gegenteil trifft zu: Da unsere differenzierten und komplexen menschlichen

Gehirnstrukturen es uns wie keiner anderen Art ermöglichen, unser Denken und Handeln zu reflektieren, können und müssen wir es dadurch auch ändern. Und da wir die Folgen von Gewalt sehr genau kennen und abschätzen können, sind wir in jeder Hinsicht voll schuldfähig. Dazu benötigten wir allerdings offensichtlich verstärkt eine Ausbildung in Ethik und Anthropologie – und dies bereits ab dem ersten Schuljahr. Ebenso ein neues gesellschaftliches Bewusstsein und die klare uneingeschränkte Verantwortungsbereitschaft für unser eigenes Handeln. Dazu gehört auch die nötige Selbsterkenntnis, nämlich uns als Spezies selbst zu reflektieren und zu erkennen, so wie wir faktisch sind oder uns faktisch verhalten: Zum einen sind wir als Menschen sehr wohl in der Lage, uns sozial und ethisch zu verhalten, was nachweislich auch viele Menschen immer wieder vorleben. Andererseits darf nicht weiter tabuisiert werden, dass es bei uns Menschen – nicht nur bei anderen Affenarten – auch Seiten gibt, die nach humanitären und ethischen Gesichtspunkten völlig inakzeptabel sind. Es sind Seiten, die destruktiv, asozial und für andere Mitgeschöpfe nur grausam und mörderisch sind.

Zudem sollten wir uns auch eingestehen, dass weder über die zehn Gebote noch über das Strafgesetzbuch diese negativen menschlichen Eigenschaften in den Griff zu bekommen sind: Weiterhin gibt es keinen einzigen Grund für die Annahme, dass die Interessen von anderen Mitgeschöpfen, seien es Menschen oder Tiere, einen geringeren Wert hätten als unsere eigenen!

15.3 Menschen im Einsatz für »Streunerhunde«

Keinesfalls nehmen Menschen Gewalt an Tieren einfach nur hin oder beteiligen sich gar daran. Insbesondere am Beispiel von Rumänien zeigen sich seit Jahren beispiellose internationale Protestaktionen gegen die Hundemassentötungen und gegen die Lynchjustiz an wehrlosen rumänischen Straßenhunden. Tagtäglich setzen sich Tierschutzorganisationen und private Tierschützer bis zur absoluten Erschöpfung für die Tiere ein und versuchen möglichst viele Hunde – und auch Katzen – zu retten; begleitet von internationalen Adoptionskampagnen sowie einer großen Spendenbereitschaft.

Tierschützer aus dem In- und Ausland zeigen seit Jahren unermüdliche Rettungseinsätze, keinesfalls nur für die rumänischen Streunerhunde. Dies mit Spenden, mit regelmäßigen Lieferungen von Futter, Medikamenten, Hundehütten, Bau- und Isoliermaterial für die Unterkünfte der Tiere oder über privat finanzierte Kastrationsprogramme. Auch die Anzahl der internationalen Interventions- und Protestaufrufe an Politik und Gesellschaft zeigen eine hohe Verantwortung und Empathie von tausenden von Menschen. Sie gehen außerdem für die Hunde weltweit zu Protestmärschen auf die Straße, halten Mahn- und Trauerwachen für die getöteten Tiere ab.

Das kollektive Versagen von Politik, Kirche und Gesellschaften am Beispiel Rumäniens

Trotz millionenfacher internationaler Protestschreiben – allein im Zeitraum vom September 2013 bis Mai 2014 – an führende Politiker und Kirchenvertreter Europas oder an den Papst, ebenso an die Kommission der EU oder das Europäische Parlament, verweigern diese allesamt nach wie vor ein politisches Einschreiten in Rumänien. Man hat nicht nur das Gefühl, sondern sogar inzwischen die traurige Gewissheit, dass alle diese vehementen und einzigartigen Proteste schlichtweg ignoriert werden!

Denn trotz weltweiter internationaler Proteste gegen die barbarischen Hundemassaker in Rumänien, die am 8. März 2014 und am 17. Mai 2014 ihren bisherigen Höhepunkt fanden und an denen jeweils bis zu 80 Städte von Stockholm, Berlin, Bogota, Nairobi, Los Angeles, Zürich, Wien, Amsterdam oder auch Bukarest – unter dem Motto: »Yes, we care!« teilnahmen – werden weder EU-Fördermittel an Rumänien »eingefroren«, noch wird in irgend einer Form Rumänien politisch sanktioniert oder wird dort interveniert. Und dies, obwohl Rumänien nicht nur sämtliche EU-Tierschutznormen in grausamer Weise »ad absurdum« führt, sondern Rumänien auch Korruption von Parlamentariern, Beamten, Richtern und

Rumänin rettet vier Junghunde und wird »HERO-of-DOGS«

Polizei unter Straffreiheit stellt und damit auch sämtliche Rechtsgrundsätze und Rechtswerte der Europäischen Union mit Füßen tritt.

Zu betonen ist dabei, dass diese beispiellose Solidarität mit den rumänischen Streunerhunden historisch gesehen einzigartig ist. Und dennoch schaut die Politik insgesamt weg … ein unvorstellbares Komplettversagen und zudem eine exorbitante Schande für ganz Europa!

So sind es auch inzwischen Tierschutzorganisationen, wie die »Vier Pfoten Stiftung«, Privatpersonen oder auch internationale Rechtsanwälte, nicht etwa nationale Regierungschefs oder die Europäische Politik, die inzwischen die Rumänische Regierung und deren bezahlte Handlanger zusammen mit mehreren tausend Nebenklägern – unter anderem vor dem Rumänischen Appelationsgericht wegen deren unvorstellbarer hunderttausendfacher Schandtaten verklagt haben! Und dies mit großem Erfolg: Am 20. Juni 2014 wurde das »Hunde-Tötungsgesetz« in Rumänien offiziell vom höchsten Gericht aufgehoben! Die rechtliche Aufhebung der Tötungen in der Praxis, hat allerdings noch einen weiten Weg vor sich: Immerhin haben einige Bürgermeister in Rumänien bereits die Hunde-Tötungen in den Public Sheltern eingestellt; neben den Städten auf der »weißen Liste«, die das Tötungsgesetz, welches – ins Ermessen der Bürgermeister gestellt war – von vornherein nicht angewendet haben.

15.4 Blickwinkelwechsel: Experten-Statements
Was bedeutet für Fachleute eigentlich »Mit den Augen der Hunde«?

1.

»Mit den Augen der Hunde gesehen, sind wir Menschen oft unhöflich, ignorant und rücksichtslos. Es ist unsere Aufgabe »hundisch« zu sprechen, damit Hunde uns verstehen können. Wenn ein Hund wesensgerecht behandelt wird und ebenso leben darf, entsteht eine tiefe Verbindung voll Harmonie, Zufriedenheit und Glück zwischen Mensch und Tier.«
Jennifer Gambietz, Hundepsychologin (ATN), zertifizierte Hundetrainerin in Deutschland und der Schweiz.

2.

»Stellen Sie sich einmal vor, Sie möchten sich in einem Schaufenster etwas ansehen, was für Sie interessant ist. Sie werden von einem Menschen begleitet. Und dieser Mensch zieht Sie weiter, gönnt Ihnen nicht, sich für Schaufenster zu interessieren. Oder stellen Sie sich vor, Sie möchten sich hinlegen. Auf ein bequemes Bett oder Sofa, welches in der Wohnung steht, die Sie sich mit dem Menschen teilen. Und der Mensch verscheucht Sie regelmäßig von den bequemen Plätzen und weist Ihnen einen unbequemen Platz zu. Und stellen Sie sich dann noch vor, dass Ihr tiefster innerer Wunsch wäre, konfliktfrei mit dem Menschen zusammenzuleben. Sie ihm wieder und wieder sagen, dass sie alles machen, was der Mensch von Ihnen möchte. Dieser Ihre Worte aber nicht zu hören scheint und unfreundlich wird, als Sie still stehen, um nichts falsch zu machen. Und stellen Sie sich weiter vor, dass Sie sehr klein sind. Und der Mensch, der Sie an jedem Schaufenster wegzieht, der Ihnen keinen gemütlichen Schlaf gönnt und der nicht auf Ihre Worte und Ihre Kommunikation hört, sehr groß ist. Sie haben keinerlei Freiheiten, werden von einem viel größeren und stärkeren Lebewesen nicht verstanden und möchten eigentlich nur konfliktfrei leben. Für Menschen Vorstellung. Aus der Sicht von vielen Hunden Realität!«
Thomas Riepe, Hundepsychologe und Chefredakteur von CANISUND

3.

»Mit den Augen der Hunde ... in einer Welt, in der immer verrohter, enthemmter und ohne reflektiertem ethischem und moralischem Gedanken, in fortschreitender Geschwindigkeit sich entfernend von der eigenen Lebensphilosophie, häufig der Blick für das Wesentliche verloren geht, wäre es ein so wünschenswertes und zeitgeistentsprechendes Anliegen, mit den Augen der Hunde zu sehen und möglicherweise festzustellen, dass vieles Elend dieser Welt mit der Änderung der eigenen Blickrichtung zu lindern und zu lösen wäre.«
Matthias Schmidt Tierhilfe Hoffnung e.V./Tierheim SMEURA, Rumänien, www.tierhilfe-hoffnung.com

4.

Ein Welpe kommt mit geschlossenen Augen zur Welt, ganz abhängig von seiner Mutter und seinem unterentwickelten Geruchssinn. Mit ungefähr 13 Tagen öffnet er die Augen, kann trotzdem noch nichts sehen und hören für weitere fünf Tage. Ist es nicht unglaublich zu wissen, dass dieser Hund mit seinen Augen und seinen Fähigkeiten vielleicht einmal die Welt einer blinden Person komplett verändert? Und wer einmal eine blinde Person das erste Mal mit seinem Führhund gesehen und erlebt hat der weiß: Es ist wirklich eine komplette Veränderung.«
Dr. med. vet. Nicola Jaschik, Ingolstadt

5.

»Durch meine Hunde habe ich gelernt, die Welt mit ihren Augen zu sehen, über die kleinen und großen Wunder der Natur zu staunen, jeden Tag aufs Neue.«
Astrid Fieger mit Senior-Schäferhündin Hera und Großpudel Atze

6.

»Mit den Augen der Hunde die Welt zu betrachten, wird uns Menschen wohl nie ganz gelingen. Wer es jedoch versucht, taucht ein in eine Welt voller Wärme und Vertrauen in der jeder neue Tag so genommen wird, wie er ist, ohne Blick zurück auf das, was gestern war. Was wirklich zählt sind das Jetzt und das Heute, voller Hoffnung, Lebensmut und -freude. Eine Gabe, welche die Mehrheit der Menschen längst verloren hat.«
Barbara Waas, Fotografin des vorliegenden Fachbuches „Mit den Augen der Hunde« und Tierfotografin aus Leidenschaft, Ingolstadt

15.5 Hundebegegnung: Weihnachtsmorgen auf der Drusatscha

Manchmal vergessen wir es vielleicht: Nicht nur uns Menschen sehen Hunde mit ihren Augen. Hunde sehen und beobachten natürlich auch ihre »Hundekollegen« und alle anderen Tiere: Dazu aus: »Spagat des Lebens – und andere zeitgenössische Impressionen«, Barbara Wardeck-Mohr, Kibo Kera Verlag 2001.

Weihnachtsmorgen auf der Drusatscha
Über den Davoser See – hoch oben –
als Sonnenalm gelegen,
erreicht man die Drusatscha –
selbst im Winter auf verschneiten Wegen.
Auch an diesem Weihnachtsmorgen
sinkt des Wanderers Schritt
in dem tief verschneiten Arvenwald,
ein bei jedem Tritt.
Jetzt zu früher Stunde,
wo das erste Blau des Tages,
durchwoben von klarem Orange und Zartrosa
droben über den weißen Bergen am Himmel steht,
Jung und Alt den Weihnachtstag begeht.
Bergdohlen und Singvögel huldigen den Tag –
Düfte von Arvenwachs begleiten meinen Schritt –
in tiefer Freude und in stillem Glück.
Auch der Hund an meiner Seite
scheint um viele Jahre verjüngt und auch entzückt.
So tollt er mal zur Rechten,
mal zur Linken die Anhöhen hinauf,
wälzt sich glückselig im Schnee
stürmt dann wieder hinunter und
apportiert Stöcke, nur die Großen, ganz munter.
Das schwarze Fell glänzt in den Schneekristallen,
die dunklen Augen funkeln und sprühen Glut,
Ausdruck von purer Lebensfreude und Übermut.
Es ist wie ein Tanz zwischen den Bäumen im Schnee.
Wir nehmen die letzte Anhöhe des Waldes
und erblicken die Drusatscha –
Hoch über dem Davoser See.
Die Hochalm mit ihren verträumten Gehöften –
schöner sah ich sie nie:
Eingerahmt von Bergketten,
an deren Spitze das Sonnenlicht erstrahlt
und die Sonne ihr quellendes Licht von Osten sendet.
Und jene Bergwiesen, die uns im Frühling mit Krokussen
und im Sommer mit unbeschreiblichen Blumenmeeren verzaubern,
liegen nun in ihrer winterlichen Pracht
unter tausenden von Schneekristallen, diamantengleich.
Dazwischen murmeln Bäche unterm Eise,
zugefroren auch die kleinen Seen.
Es ist Weihnacht auf der Drusatscha!

Und dann die Begegnung:
Plötzlich stehen sie sich gegenüber – schwanzwedelnd –
und jeder glaubt, es sei sein Revier:
Einer das Spiegelbild des anderen –
zwei prächtige schwarze Hunde – und
einer von beiden gehört mir!
Und so bleibt es auch nicht beim stummen Gruße.
Nein, jeder erzählt dem anderen seine Weihnachtsgeschichte,
so, wie er sie erlebt haben muss.
Erst dann trotten sie davon:
zwei Herzen auf jeweils vier Pfoten,
denn auf beide wartet am Weihnachtsabend
ein herrlicher Knochen, abends am Kaminofen!

15.6 Aufbruch: Für ein neues Denken und Verstehen!

Die Auseinandersetzung mit dem Thema fällt schwer, die Frage aber ist unausweichlich: Was geschieht tagtäglich auf unserem Blauen Planeten und was müssen seine Mitbewohner, die Tiere, durch unsere Spezies alles ertragen?

Fakt ist: Tagtäglich sterben Millionen Tiere qualvoll durch Menschenhand, das Artensterben, der ökologische Kollaps, die chemisch-klimatische Zeitbombe, all das ist seit Jahren in aller Munde. Aber was geschieht?

Nichts! Zumindest nichts, was einer irreversiblen Zerstörung des Ökosystems noch Einhalt gebieten könnte. Und Nichts, das darauf hindeutet, dass ein weltweites Umdenken im Umgang mit unseren Mitgeschöpfen, den Tieren, in Aussicht steht!

Dazu folgende Erläuterungen:

Es geht nicht etwa nur um CO_2 Emissionen und um eine Klimaerwärmung, sondern es geht um eine grundlegende Veränderung des Weltklimas! Dazu gehören Klimaanomalien, Veränderungen von Meeresströmungen, ein irreversibles Anwachsen der Wüsten oder auch gravierende Folgen für die landwirtschaftlichen Erträge!

Unbekannt ist oder verschwiegen wird dabei meist die Tatsache, dass z.B. auch andere 30 strahlungsabsorbierende Spurengase, die teilweise eine Verweilzeit von über 550 Jahren in der Atmosphäre besitzen, auch in ihren kleineren Mengen einen vergleichbaren Effekt wie das CO_2 besitzen und dazu führen, dass das Weltklima aus den Fugen gerät.

Und welche Perspektiven hat die Tierwelt im Zusammenleben mit uns Menschen?

Mit einer zunehmenden menschlichen Überbevölkerung von bald 8 oder 9 Milliarden Menschen auf diesem Planeten, bedeutet dies für unsere Mitgeschöpfe, die Tiere, dass der Trend zu Massenproduktion und Massenvernichtung von »Nutztieren« – in noch dramatischerer Weise weiter zunehmen wird. Dazu grausamstes Abschlachten von Robben, Walen, Elefanten, »Lebend-Häutungen« von Tieren ... die Liste findet kein Ende!

Für Milliarden von Tiere bedeutet dies: Ein lebenslänglicher nicht enden wollender Alptraum auf Erden, herbeigeführt durch den Homo Sapiens, der sein Handeln nach wie vor als Spezies nicht in Frage stellt. Und es ist eindeutig die Minderheit, der das Gewissen schlägt.

Während die Zerstörung der Ökosysteme und der kostbaren Naturressourcen unaufhaltsam, erschreckend und rasant voranschreitet, berührt dies die Menschheit, mit wenigen Ausnahmen, kaum! Viele meinen, sie hätten das Recht, alles zu tun, was überhaupt nur möglich ist, gleich wie absurd und frevelhaft! Denn alles läuft nach Gesetzen, bei denen der Mensch sich selbst unter »Straffreiheit« gestellt hat. So tanzt und tingelt ein Großteil der Menschheit ohne Gewissenskonflikte mit weitgehend substanzlosen, oberflächlichen Banalitäten durch sein immer flacher werdendes Konsum-Dasein. Und die Frage sei erlaubt: »Ist es die Mehrheit oder die Minderheit, die grundlegende Ansprüche an das eigene Verhalten stellt?«

Gewissen, was ist das? Sogar diese Frage wird ernsthaft in unsrer Gesellschaft gestellt! Die anthropozentrische Sichtweise der Menschheit: Wir habe alle Macht und Möglichkeiten, also machen wir mit den Tieren und dem Planeten, was wir wollen, nimmt zunehmend immer grausamere Formen an.

Was aber bedeutet »Mensch-Sein«?

Das könnte z. B. heißen: »Obwohl wir die Macht und Möglichkeit dazu besitzen bestimmte Dinge zu tun, verzichten wir ganz bewusst auf bestimmte Verhaltensweisen; dies in Verantwortung gegenüber unseren Mitgeschöpfen und dies in Verantwortung gegenüber unserem Planeten!« Das wäre zweifelsfrei auch unsere ethische Verantwortung!

Betont sei: Es ist keinesfalls unserer eigenen Leistung geschuldet, dass wir als Menschen und nicht als Streunerhunde in Rumänien auf die Welt gekommen sind – oder als Sau in einer Massentierhaltung dahinvegetieren müssen, dabei nicht einen Tag in Freiheit das Sonnenlicht erleben dürfen, sondern erbarmungsloser Ausbeutung von Menschen ausgeliefert sind, bis zum Tag der Tötung – oft ohne jede Betäubung.

Genauso lag es nicht in der Verantwortung der Tiere, dass sie nicht als Mensch geboren wurden.

Die Beispiele der Barbarei und Hinrichtungen von Tieren umschlingen den gesamten Planeten.

Fazit ...

Da wir als Menschen und höher entwickelte Lebewesen das Privileg besitzen, vieles auf Erden gestalten zu können, tragen wir gleichermaßen dafür eine hohe Verantwortung. Und stellen wir uns nur einmal vor, es gäbe eine noch höher entwickelte Spezies als uns, die die Möglichkeit hätte, all das mit uns Menschen zu tun, was wir Tieren antun ...!

Wir alle haben die Möglichkeit unser Leben in den Dienst guter Taten zu stellen!

Gäbe es nun unter der Menschheit nicht auch so viele wunderbare Tierschützer, die tagtäglich – oft bis zur Erschöpfung – versuchen, so viele Hunde und Katzen, wie z. B. in Rumänien zu retten, die private Kastrationsprogramme fortsetzen und die Tiere vor den Todesschwadronen in Sicherheit bringen, das Schicksal aller dieser Seelen wäre besiegelt. So aber gilt unter den Tierschützern der Satz »Komm, wir machen einfach weiter!«.

Ein Beispiel hierfür ist die Tierhilfe Hoffnung e. V., die es mit ihrem weltgrößten privaten Tierheim der SMEURA in Pitesti/Rumänien schafft, dass monatlich etwa 300 Hunde, in Krisensituationen sogar bis zu 500 Hunde geimpft, gechippt und mit Gesundheits-Check an solide Adoptionsstellen in Deutschland und Europa vermittelt werden und die damit eine großartige Chance auf ein Leben in Liebe und in Sicherheit erhalten.

Und auch in der Smeura selbst sind jeweils zwischen 4.500 und 5.000 Hunde auf einem riesigen Areal vorbildlich untergebracht und werden von etwa 90 Tierpflegern und Tierärzten versorgt, auch mit Auslaufmöglichkeiten in der Natur, natürlich in einem bewachten und abgesicherten Areal.

Ziel ist es dort, viele Hunde an möglichst sichere und solide Plätze zu vermitteln. Außerdem dafür zu sorgen, dass brutal misshandelte, verletzte oder angefahrene Streunerhunde, die sonst in die Hände der Hundefänger geraten können, in der Smeura in Sicherheit gebracht werden und auch dort medizinisch behandelt und kastriert werden. Alle Hunde müssen zudem geimpft und gechippt werden.

Welch ein unbeschreiblicher Einsatz, wenn für diese Hunde und auch andere Tiere in der SMEURA jeden Monat allein 66 Tonnen Futter beschafft werden müssen. Die Transportfahrzeuge, die Mitarbeiter und die medizinische Versorgung müssen immer optimal koordiniert werden! Auch Organisation und Erstellung der umfangreichen Ausreisepapiere unterliegen erheblichen Vorschriften, die es zu erfüllen gilt, und zwar für jeden einzelnen Hund!

Dieses Beispiel zeigt uns deutlich:

Wir Menschen haben alle Möglichkeiten, im Guten, wie im Schlechten!

Wir können uns als Menschen stets für Empathie, für mutigen Einsatz und für soziale Gerechtigkeit von Notleidenden entscheiden! Wir können aufstehen und massiv gegen brutale Gewalt eintreten!

Tun wir es einfach!

Und was kann es überhaupt Schöneres geben, als Hunde und Tiere zu retten, denn jede Seele zählt!

Nicht zu vergessen: Auch Tiere trauern!

Auch Tiere trauern und erleiden dabei sowohl seelische wie auch körperliche Schmerzen. Insbesondere Hunde trauern bei Verlust eines geliebten Menschen oder beim Tod eigener Artgenossen! Bilder zeigen z. B. Streunerhunde, die selbst auf einer befahrenen Straße regungslos über einem getöteten Gefährten liegen bleiben, oder auch Hundemütter im Schockzustand, wie sie bei ihren toten Welpen tagelang Wache halten.

Wenn wir als Menschen beginnen, mit den Augen der Hunde zu sehen, uns aufmachen, um ein Gespür für ihre Seelen und all ihre großartigen Potentiale zu erfahren, wird unser Leben unendlich reich. Hunde haben offenbar vieles, was uns Menschen so nötig fehlt.

Hunde zeigen uns auch, was Zeit bedeutet. Ihre Zeit, die Zeit der Hunde, ist immer jetzt.

Und vielleicht sollten wir es ihnen gleich tun und damit beginnen, den jeweiligen Moment in seiner ureigensten Ausschließlichkeit ganz fokussiert zu erleben!.

Meine Devise ist auch: »Von Hunden lernen, und zwar ein ganzes Leben lang!«

Ich selbst bin von meinen Hunden sozialisiert worden und werde es auch weiterhin. Ich verdanke Hunden unendlich viel – auch bei meiner menschlichen Entwicklung!

Glück ist, mit einem Hund leben zu dürfen, gemeinsam mit ihm die Welt zu sehen und zu erfahren, die Natur zu durchstreifen, ob im Sommer auf Bergtouren oder im Winter durch tiefverschneite Wälder! Glück braucht nicht viel. Nur den Blick für das Wesentliche.

Wie sprach der »Kleine Prinz« bei Antoine de Saint-Exupéry?

Man sieht nur mit dem Herzen gut!

Und ich möchte hinzufügen *»und mit den Augen der Hunde!«*

16. Literaturverzeichnis und Quellenangaben

1. Henry R. Askew: »Behandlung von Verhaltensproblemen bei Hund und Katze«, Wien, Berlin 2003
2. J. R. Arvner, & M. D. Baker: »Dogs bites in Urban children«, Pediatrics, Klagenfurt 1988
3. Immanuel Birmelin: »Schlauer Hund – so fördern Sie, was in ihm steckt«, München 2007
4. Maria Costantino. »Handbuch der Hunderassen« München 2005
5. Dorit Feddersen-Petersen: »Ausdrucksverhalten beim Hund«, Stuttgart 2007
6. dieselbe: »Hundespsychologie«, Stuttgart, 2004
7. dieselbe: »Kampfhunde«, Naturwissenschaftliche Rundschau 2;1992
8. dieselbe: »Verhaltensstörungen bei Hunden – Versuch ihrer Klassifizierung«, Dt. Tierärztliche Schreiben, 1998
9. dieselbe: »Hunde und ihre Menschen«, Stuttgart 1992
10. Werner Freund: »Zwischen Zähnen und Klauen«, Saarbrücken 2011
11. James O' Heare: »Die Neuropsychologie des Hundes«, Grassau, 2009
12. Eva Heidenberger: »Der unverstandene Hund«, Augsburg 2005
13. Hessischer Landtag; Drucksache 16/235
14. Landesbeiß-Statistiken Rheinland-Pfalz von 2001, 2002, 2003, 2004
15. Konrad Lorenz: »Das sogenannte Böse – zur Naturgeschichte der Aggression«, München 1983
16. David Mech: » Wolves Behaviour, Ecology and Conservation, ecology and behaviour>>, Chicago 2003
17. derselbe: »The Arctic Wolf, living with the pack«, Chicago 1988
18. derselbe: »Wolves of the High Arctic«, Minnesota 1992
19. derselbe: »Leadership in Wolf Packs«, Minnesota 2000
20. Barbara King: »How Animals Griewe«, Chicago 2013
21. Jeffrey M. Masson: »Hunde lügen nicht – die großen Gefühle unserer Vierbeiner«,Augsburg 2004
22. Desmond Morris: »Dogwatching – die Körpersprache des Hundes«, München 2002
23. Joan Palmer: »Die farbige Enzyklopädie der Hunde«, Köln 2004
24. Thomas Riepe: »Herz, Hirn und Hund«, Grassau 2012
25. Anita Roscher:»Vorkommen von Angstverhalten bei Hunden in der tierärztlichen Praxis- Darstellung und Möglichkeiten einer angst- und stressarmen Behandlung«, Dissertation München 2005
26. Wolf-Dieter Schmidt: »Verhaltenstherapie des Hundes«, Hannover 2002
27. Sabine Schroll/Joel Dehasse: »Verhaltensmedizin beim Hund«, Stuttgart 2007
28. Rupert Sheldrake: »Der siebte Sinn der Tiere«, Augsburg 2006
29. Manfred Spitzer:»Selbstbestimmen – Gehirnforschung und die Frage: Was sollen wir tun?«, München 2004
30. Irene Sommerfeld-Stur: »Kampfhunde?«, Wien 2007
31. Eberhard Trumler: »Mit dem Hund auf Du«, München 2004
32. derselbe: »Meine wilden Freunde«; Gesellschaft für Haustierforschung, Wolfswinkel, 2002
33. Rudolf Wassermann: »Die Zuschauerdemokratie«, Düsseldorf 1986
34. Barbara Wardeck-Mohr: »Team-Coaching Mensch-Hund, Wege zur erfolgreichen Kommunikation«, Stuttgart 2013

Geführte Interviews mit:
Werner Freund, Wolfspark Merzig
Mark Vette, Tiertrainer Auckland, New Zealand
Dr. med. vet. Volker Finkenauer, Armsheim
Volker Brandt, Leiter des Thüringer Diensthundewesens
Dr. med. vet. Urs-Peter Brunner, Veterinäramt Kanton Schaffhausen
Dr. med. vet. G. Calzavara-Guldener, Veterinäramt Kanton St. Gallen